La instalación de un sondeo

Primera Edición.
Marzo 2008.

Santiago Arnalich

La instalación de un sondeo

Primera Edición.
Marzo 2008.

ISBN: 978-84-612-2759-4

Foto de la portada: Protección del acceso a un sondeo, Wazir Abad, Afghanistan.

Fe de erratas en: www.arnalich.com/dwnl/xsonsta.doc

Depósito Legal: M-14877-2008

arnalich

w a t e r   a n d   h a b i t a t

Índice

1. Introducción

1. 1   SOBRE ESTE LIBRO

Este libro quiere darte rápidamente las herramientas necesarias para poner en funcionamiento un sondeo una vez perforado en el contexto de la Cooperación al Desarrollo. Probablemente estés ya ante un caso real y no tengas el tiempo de hacer una revisión exhaustiva para ponerte al día. Se ha pretendido que sea:

99 % libre de grasa. Sin explicaciones meticulosas o demostraciones interminables. Sólo se ha incluido lo que vas a necesitar.

Simple. Una de las causas frecuentes de fracaso es que la complicación y el exceso de rigor acaban intimidando y se dejan cosas sin hacer. Aun a riesgo de caer en el insulto, las explicaciones no dan casi nada por obvio.

Cronólogico. Sigue aproximadamente el orden lógico en el que harías las cosas.

Práctico. Con abundantes ejemplos de cálculo.

Autocontenido. Se ha supuesto que estás en un lugar remoto sin acceso fácil a la información y se incluye toda la que es imprescindible. Aun así, se dan enlaces a fuentes de información adicionales.

Los aspectos prácticos de la instalación se dejan en manos de los técnicos. Aunque los sondeos se pueden equipar con bombas de mano, solares, eólicas o mecánicas verticales, aquí sólo se tratan los instalados con bombas sumergibles eléctricas.

Si estás usando este libro, probablemente ya has construido uno y tengas una boca similar a esta cuando la compañía de perforación se haya marchado:

Fig. 1.1. Boca de un sondeo acabada la perforación y los ensayos, Mudug, Somalia.

Este libro se ocupa de todas las fases necesarias para pasar de este estado a un sondeo funcionando listo para entregarlo a la comunidad.

1. 2 ¿QUE ES UN SONDEO?

Cuando llueve, el agua de lluvia se infiltra en el terreno y va descendiendo por gravedad hasta que se topa con una capa de menor permeabilidad, generalmente arcillas o la roca madre. El resultado es un enorme lago subterráneo, el **acuífero**. Un sondeo es una tubería instalada verticalmente que permite el acceso al acuífero.

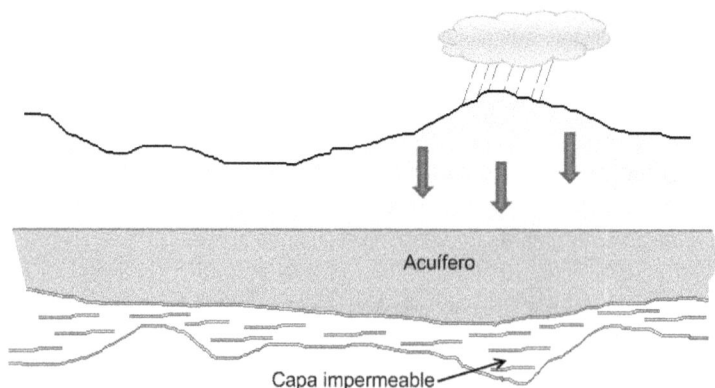

Acuífero

Capa impermeable

La tubería o **camisa** impide también el colapso de la perforación. Cuando entra en el acuífero está ranurada para permitir la entrada de agua. Estos tramos de tubería ranurada se llaman **filtros** y se rodean hacia el exterior de una capa de grava que mejora el acceso al agua y actua de filtro de gruesos. En el interior del tubo se coloca una bomba sumergible suspendida de otra tubería mucho más pequeña, la **tubería de elevación**. La tubería de elevación conduce el agua hasta la boca del sondeo donde se conecta a la red.

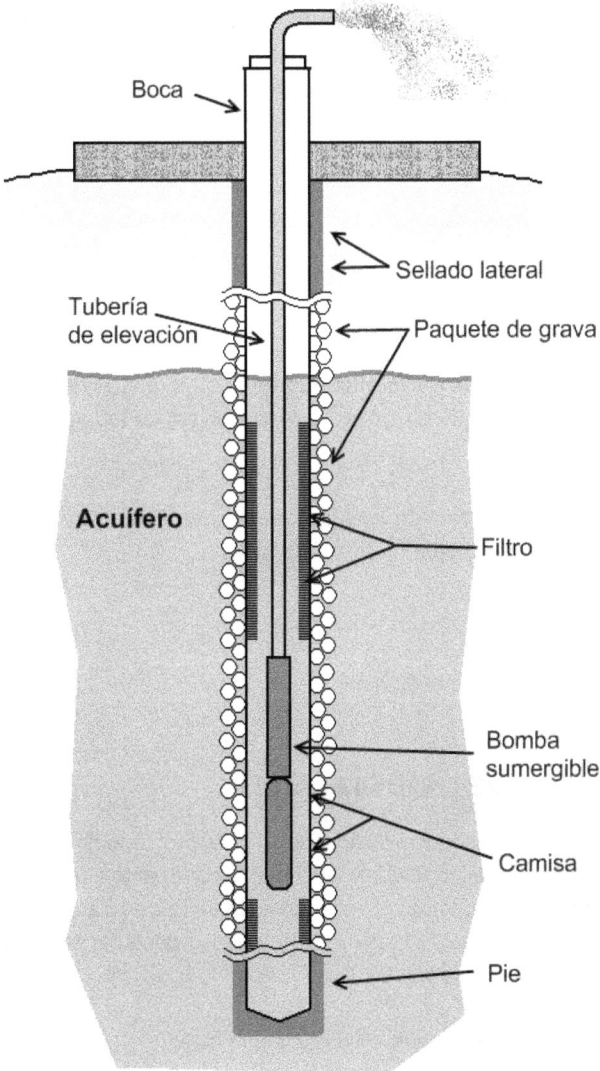

1. 3 INFORMACION A RECOPILAR

Ya sea un sondeo nuevo o la rehabilitación de uno antiguo necesitarás tener disponible :

1. **Un ensayo de bombeo**. Te permitirá determinar la capacidad de producción que tiene el sondeo y la profundidad de bombeo.

2. **Detalles de construcción** del sondeo. El diámetro condiciona el tamaño máximo de la bomba que "cabe dentro" dejando suficiente espacio para la refrigeración. Como la bomba se instala en tramos de camisa, la disposición entre camisa y filtros determina dónde puede instalarse. Finalmente, la profundidad del primer filtro determina la caída máxima del nivel del agua antes de que quede descubierto.

3. **Análisis del agua** para comprobar la seguridad y anticipar la corrosión.

4. **Acceso a la energía**. El punto más cercano de suministro eléctrico si lo hay y la tensión. Si se necesita un generador hay que prever dónde albergarlo.

5. **Condiciones técnicas de funcionamiento**. La potencia de la bomba a instalar dependerá entre otras cosas de la longitud de tubería y la altura de bombeo.

6. **Condiciones organizativas de funcionamiento**. Determinan la necesidad de prever alojamiento para un operario/guarda.

7. **Normativa del país**.

El anexo A contiene una lista de chequeo.

1. 4 CRONOLOGIA DE LA INSTALACION

Si la red a la que abastece el sondeo está ya construida probablemente tengas bastante presión para poner el sondeo en funcionamiento lo antes posible. Para conseguirlo, es clave que la construcción de la caseta se haga en el tiempo en el que llega el pedido de los materiales. Si todavía no hay dónde conectar el sondeo te puedes tomar las cosas con más calma.

La instalación de un sondeo se puede dividir en cinco fases:

1. **Comprobación de la viabilidad**. Se comprueba que el agua es apta para el uso previsto y que la explotación del sondeo es económica. Sondeos con

poco caudal y mucha profundidad son desfavorables. En la sección 2.3 se describe cómo determinar el coste de funcionamiento para comprobar que está dentro de los límites de lo que los usuarios pueden pagar.

2. **Selección de la bomba y diseño**. La bomba determinará el tamaño de las tuberías y de los componentes eléctricos. Una vez conocida qué bomba instalar se pueden determinar y pedir todos los componentes necesarios. Mientras los componentes llegan, debes construir la caseta. Pide la bomba y/o el generador lo antes posible. Según el tamaño que necesites y dónde estés pueden tardar varios meses en llegar.

3. **Construcción de la caseta**. Para proteger los componentes de la intemperie, la manipulación o el robo se debe construir una caseta, mejor si es antes de la instalación. Una vez sepas si la caseta debe albergar un generador, un operario o servir de almacén local consigue un diseño y prepara un contrato de construcción. Si hay una autoridad del agua o casetas en la región que te parezcan adecuadas, utiliza ese diseño. Averigua si hay legislación o normativa que debas aplicar.

4. **Instalación** y **prueba en servicio**. Tras la instalación comprueba el funcionamiento y averigua las prestaciones: caudal, presión y consumo.

En la página siguiente se muestra un diagrama de flujo con el proceso de instalación.

1. 5 ADAPTANDOSE AL CONTEXTO

En este libro se describe el hilo general común prestando más atención a los aspectos técnicos. Pero los aspectos políticos y sociales son determinantes y mucho más variables. En Cooperación cada lugar es distinto. Si quieres evitar problemas, asegúrate de que respetas los procedimientos que son normales en tu zona y que trabajas en colaboración con la autoridad del agua local.

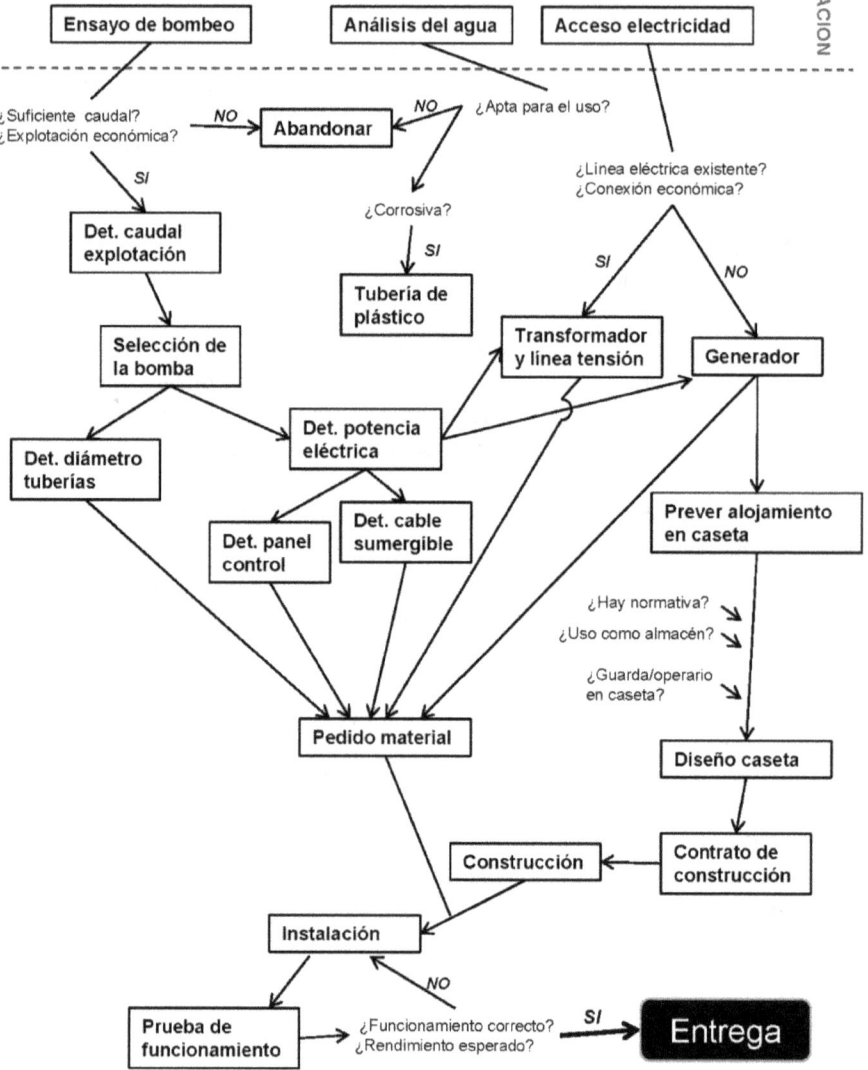

INFORMACION PREVIA

```
┌──────────────────┐      ┌──────────────────┐  ┌──────────────────┐
│ Ensayo de bombeo │      │ Análisis del agua│  │ Acceso electricidad│
└──────────────────┘      └──────────────────┘  └──────────────────┘
```

¿Suficiente caudal?   NO   ┌──────────────┐   NO   ¿Apta para el uso?
¿Explotación económica? ──────▶ │ Abandonar   │ ◀────────
                                  └──────────────┘
                                                              ¿Linea eléctrica existente?
              SI   ¿Conexión económica?

┌──────────────┐   ¿Corrosiva?
│ Det. caudal │   │
│ explotación │   SI
└──────────────┘   ┌──────────────┐   SI   NO
                                    │ Tubería de   │
                                    │ plástico   │
┌──────────────┐   └──────────────┘   ┌──────────────┐   ┌──────────────┐
│ Selección de │   │ Transformador│   │ Generador   │
│ la bomba   │   │ y linea tensión └──────────────┘
└──────────────┘   ┌──────────────┐   └──────────────┘

┌──────────────┐   │ Det. potencia│   ┌──────────────────┐
│ Det. diámetro│   │ eléctrica   │   │ Prever alojamiento│
│ tuberías   │   └──────────────┘   │ en caseta   │
└──────────────┘   └──────────────────┘
              ┌──────────────┐ ┌──────────────┐
              │ Det. panel   │ │ Det. cable   │   ¿Hay normativa?
              │ control   │ │ sumergible   │   ¿Uso como almacén?
              └──────────────┘ └──────────────┘
                                                        ¿Guarda/operario
                                                         en caseta?
                          ┌──────────────┐   ┌──────────────┐
                          │Pedido material│   │ Diseño caseta│
                          └──────────────┘   └──────────────┘

                                          ┌──────────────┐   ┌──────────────┐
                                          │ Construcción │ ◀─│ Contrato de │
                                          └──────────────┘   │ construcción │
                      ┌──────────────┐   └──────────────┘
                      │ Instalación │
                      └──────────────┘
                                   NO
┌──────────────┐   ¿Funcionamiento correcto?   SI   ┌──────────────┐
│ Prueba de   │ ──▶ ¿Rendimiento esperado?   ─────▶ │   Entrega   │
│ funcionamiento   └──────────────┘
└──────────────┘
```
```

2. Viabilidad

Instalar un sondeo que no es viable no sólo supone un gasto importante, además es potencialmente peligroso para la población. Este capítulo te ayudará a decidir entre la instalación y el abandono. Para ello necesitarás tener un análisis completo del agua y los resultados de un ensayo de bombeo.

2. 1 ANALISIS DEL AGUA

Organiza el análisis de agua más completo que esté disponible localmente utilizando un laboratorio oficial que tenga competencias. Además del análisis en sí, te proporcionará un certificado oficial de la composición del agua. Generalmente, no es buena idea fiarse de análisis que entreguen las empresas de perforación por no ser oficiales y por tener grandes intereses en que no haya problemas con el trabajo.

Recogida de muestras

Es importante que recojas una cantidad suficiente para que el laboratorio pueda hacer los test. Un litro y medio suele ser una cantidad adecuada. Una botella de agua mineral es un recipiente ideal. Evita utilizar recipientes antiguos o de metal. En cualquier caso, consulta con el laboratorio cuáles son los requisitos de cantidad y condiciones de transporte.

El momento idóneo para la recogida de una muestra es el final del ensayo de bombeo. Las muestras recogidas durante la fase de desarrollo están alteradas por todos los procesos de construcción. Aquellos sondeos en los que se ha utilizado cemento recientemente pueden dar valores de dureza y pH altos.

En el caso de un bombeo a rehabilitar que ha estado sin explotar mucho tiempo es conveniente instalar una bomba y hacer correr el agua algunas horas antes de tomar una muestra.

Resultados

El Anexo B contiene un resumen de los parámetros básicos y sus valores máximos recomendados por la Organización Mundial de la Salud. Además, puedes navegar el enlace de la OMS para averiguar otras sustancias y comprender sus efectos sobre la salud, sobre las cosas y las posibilidades de tratamiento.

En el caso de que algún parámetro esté fuera de rango, existen cuatro posibilidades:

- Que la autoridad compentente en agua o en salud considere que los benefecios esperados pesen más que los posibles perjuicios y autorice el uso.

- Que exista una posibilidad viable de tratamiento. Considera siempre la posibilidad de **tratamiento por dilución**, que consiste en mezclar el agua de dos fuentes distintas de tal manera que la mezcla sí cumpla los valores recomendados.

- Buscar un uso alternativo. Por ejemplo, sondeos demasiado salinos para el consumo humano pueden utilizarse para abrevar animales (notablemente cabras y camellos) o cultivar plantas tolerantes a la salinidad.

- Abandonar el sondeo y buscar una alternativa. Abandonar un sondeo con seguridad es muy importante para que no sea una vía de contaminación al acuífero. El procedimiento se describe en la sección 2.4.

El agua de sondeo no debe ser turbia. Una turbidez de más de 5 NTU indica que el sondeo no está bien desarrollado o que tiene defectos de construcción.

2. 2   INTERPRETACION DE UN ENSAYO DE BOMBEO

Un ensayo de bombeo es una prueba en la que se evalúa la evolución del nivel de agua en un sondeo bombeado a caudal constante. Hay muchos tipos y maneras de documentarlos, pero todos llevan una recomendación de caudal de explotación y una medida de la caída del nivel de agua a ese ritmo.

¿Es fiable?

Los pormenores de realización escapan al contenido de este libro, pero presta atención a estos detalles para asegurarte que es fiable:

- Los ensayos de bombeo deben ser de larga duración, al menos 24 horas, salvo en condiciones concretas (toque de queda, riesgo, etc...).

- El caudal de bombeo debe ser constante. No puede haber interrupciones (salvo las planificadas en ensayos por etapas) ni cambios de caudal de explotación.

- Es muy frecuente que las empresas hagan el desarrollo del sondeo a la vez que el ensayo de bombeo para ahorrar costes. Como el objetivo del desarrollo es limpiar los restos de perforación para aumentar el caudal del sondeo, estos ensayos de bombeo no son tales.

- No se puede hacer con un compresor. El compresor es un método de desarrollo que además no tiene caudal constante.

- Frecuentemente es buena idea estar presente para comprobar que todo se está haciendo correctamente y que la empresa contratista no exagera o falsifica los resultados para evitar problemas.

¿El caudal es suficiente?

En esta fase, sólo queremos comprobar que el caudal del sondeo es suficiente para las necesidades. El ensayo de bombeo especifica cuál es el caudal máximo de explotación. Como aproximación rápida, si este caudal es suficiente para cubrir las necesidades diarias de la población con:

- **Menos de 14 horas de funcionamiento**, puedes continuar con la instalación sin mayor análisis.

- **Entre 14 y 18 horas**, sé consciente de que es posible que el sondeo se quede pequeño en un futuro cercano por el aumento de la población o el descenso de los niveles de agua en el acuífero por la explotación prolongada. Además, su explotación le resulta más cara a la población.

- **Más de 18 horas**. Este sondeo no cubre las necesidades de la población. Según las circunstancias, puedes decidir si instalarlo inmediatamente o esperar a un segundo sondeo. Si el segundo sondeo tiene suficiente caudal se evita la instalación del primero. Si no lo tiene, se puede planificar una instalación conjunta.

En el apartado 3.2 se dan valores mínimos de consumo en los que basarte para determinar las necesidades de la población.

Ejemplo de cálculo:

Se ha perforado un sondeo para una población periurbana de 8.000 personas. El ensayo de bombeo señala que la capacidad máxima del sondeo es 11 l/s. ¿Es suficiente para cubrir las necesidades de población asumiendo 100l por persona?

Con un consumo por persona de 100 litros diarios, la cantidad de agua consumida es:

8.000 per * 100 l/per*día = 800.000 litros diarios de consumo.

La producción por hora es: 11 l/s * 3.600 s/hora = 39.600 l/h

El número de horas de funcionamiento necesarias es:

800.000 l / 39.600 l/h = **20,2 horas**

El sondeo es insuficiente para cubrir las necesidades de la población.

---

2. 3 CALCULO APROXIMADO DEL COSTE DE OPERACION

Aunque el sondeo produzca agua de excelente calidad en cantidades adecuadas, puede ocurrir que los gastos de operación no estén al alcance de la población. Este es generalmente el caso de sondeos muy profundos.

El principal gasto de operación es el consumo energético, muy por encima de gastos de materiales, tratamiento del agua o personal. Así, para ver si el gasto necesario para mantener el sondeo en funcionamiento está dentro de lo que la población puede pagar, suele bastar con calcular el consumo de energía.

La energía que consume un sondeo en kWh en un día es:

$$e = \frac{mgh}{3,6 * 10^6 \, \eta}$$

Donde: m, masa de agua diaria en kg (1 litro de agua pesa 1kg)
h, la altura de bombeo contada desde el abatimiento máximo hasta el lugar de entrega del agua. Si el sistema trabaja contra presión (ej, bombea directamente a una red presurizada) se le añaden 10 metros por cada bar de presión.
g, 9,8 m/s^2

η, eficiencia total (wire to water). En una bomba adecuadamente seleccionada es cercano al 60%. Para tener en cuenta las pérdidas de las tuberías usa el valor 0,5 (equivalente al 50%). Así te evitas calcular las perdidas por fricción en este momento.

El coste de operación se calcula usando la tarifa de electricidad local. En el caso frecuente de que se necesite generador, necesitas saber el precio del diésel. El consumo aproximado de un generador es 0,3 litros de diésel por kWh producido.

Ejemplo de cálculo:

Un sondeo alimentado por generador bombea cada día 60.000 litros de agua hasta un tanque situado a 35 m de altura. El nivel dinámico del sondeo es 44m y el precio del diésel 1,03 €/l. ¿Cuánto se gastará en bombeo al día?

La altura de bombeo es 35m + 44m = 79m. La energía consumida es:

$$e = \frac{mgh}{3,6 * 10^6 \, \eta} = \frac{60.000kg * 79m * 9,8m/s^2}{3,6 * 10^6 * 0,5} = 25,8 \; kWh$$

El número de litros de diésel necesarios es:

25,8 kWh * 0,3 l diésel/kWh = 7,75 litros

El coste diario que debe asumir la población es: 7,74 l * 1,03 €/l = **7,97 €**

La disponibilidad para pagar

Para determinar qué es lo que pagaría la comunidad, lo más sencillo es analizar lo que pagan por servicios existentes:

Después, reunirse con los usuarios y discutir qué podrían y qué no podrían pagar. Recuerda que no es una decisión tuya… ¡de la misma manera que no es asunto suyo si tú te gastas tu salario en vitaminas para gatos o crecepelo!

2. 4 ABANDONO DE UN SONDEO

Si no hubo suerte y el sondeo no es viable tendrás que abandonarlo. Es muy importante abandonar un sondeo de una manera segura. Los objetivos del abandono son:

1. Evitar accidentes por caídas de animales y niños.

2. Evitar la contaminación del acuífero. El sondeo es una puerta de entrada muy fácil para la contaminación. Sin sondeo el agua contaminada debe atravesar muchos metros de terreno antes de llegar a la capa freática. En ese proceso se va filtrando. A través del sondeo el agua contaminada puede llegar directamene al acuífero en grandes cantidades y rápidamente. Esto se aplica también a sondeos secos.

3. Permitir la reutilización en caso de necesidad. Un sondeo de bajo caudal o antieconómico puede ser útil como reserva en caso de avería del principal.

La manera más barata y directa cuando la camisa es de hierro es soldar una tapa y construir una plataforma de cemento de 2 metros de radio con la pendiente hacia el exterior.

En el caso de sondeos entibados con PVC, la plataforma se continúa hacia arriba construyendo un cajón de hormigón armado con tapa. La losa que sirve de tapa debe ser lo suficientemente pesada como para impedir la manipulación:

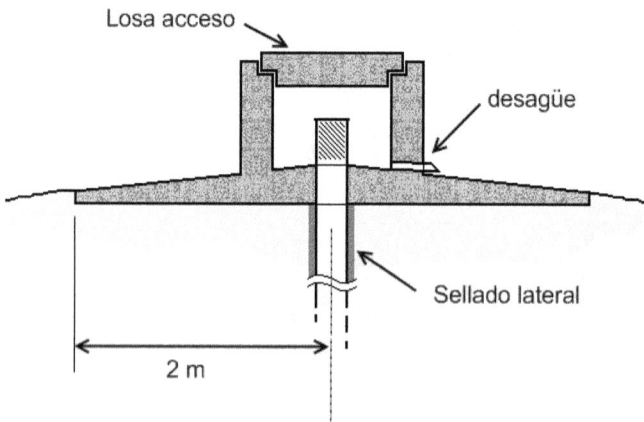

El sellado lateral es parte del proceso correcto de construcción de un sondeo. Si no lo hubiera es conveniente sellar al menos algunos metros con una lechada de cemento o bentonita.

Si el uso futuro del sondeo está descartado se añade otro objetivo más: evitar que el agua de un estrato horizontal pase a otro a través del sondeo. En ese caso, se rellena el interior del sondeo con materiales similares a los eliminados durante la perforación. Presta atención a no rellenar el sondeo con materiales que sean una fuente de contaminación.

3. Bombeo

Una vez se ha decidido que el sondeo es viable el siguiente paso es la selección de la bomba. Con la bomba ya seleccionada se pueden dimensionar todos los componentes que le van a dar servicio. La selección correcta de la bomba es fundamental para la economía.

3. 1 ¿QUE OCURRE EN EL ACUIFERO AL BOMBEAR?

El acuífero en reposo tiene una superficie aproximadamente horizontal. La profundidad a la que se encuentra el agua, medida desde la boca del sondeo, se llama **nivel estático.** Cuando se empieza a bombear a través de un sondeo, se forma una depresión con forma de cono en el agua, similar al remolino de un desagüe, con el centro en el sondeo. El nivel de agua desciende apreciablemente hasta un nuevo nivel, el **nivel dinámico.** La forma del cono depende del caudal. Cuanto más caudal se bombea, más abrupto es el **cono de depresión** y más bajo se sitúa su vértice. La caáda del nivel medida desde el nivel estático es el **abatimiento**.

La diferencia entre el nivel estático y el dinámico permite una primera aproximación a la capacidad del sondeo. Los sondeos más productivos son aquellos en que el cono se forma muy lentamente. Se necesitan grandes caudales para separar el nivel estático del dinámico.

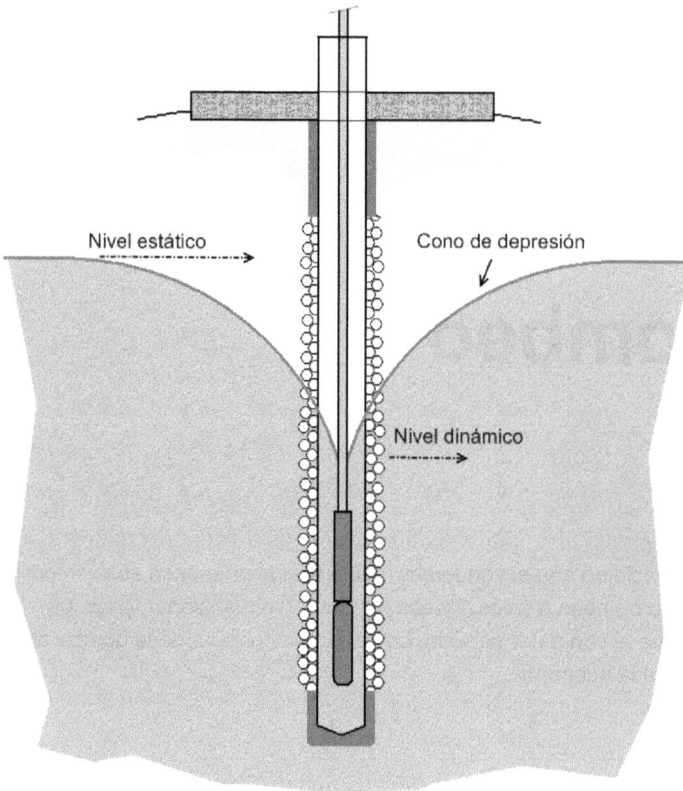

Curva de caudal vs. descenso

El descenso máximo que puede tolerar un sondeo es generalmente algunos metros por encima de su primer filtro. Sin embargo, no es económico explotar un sondeo a su máxima capacidad. A medida que aumenta el ritmo de explotación baja el nivel del agua, y esto hace **que todo el agua que produzca ese sondeo se tenga que bombear desde más abajo, con gastos de bombeo mucho mayores.** Es muy importante no confundir el caudal máximo de explotación con el caudal óptimo de explotación.

Para decidir el caudal de explotación necesitas una curva que relacione el caudal con el descenso que produce. Estas curvas se encuentran dentro del informe del ensayo de bombeo y son parecidas a la que se muestra a continuación:

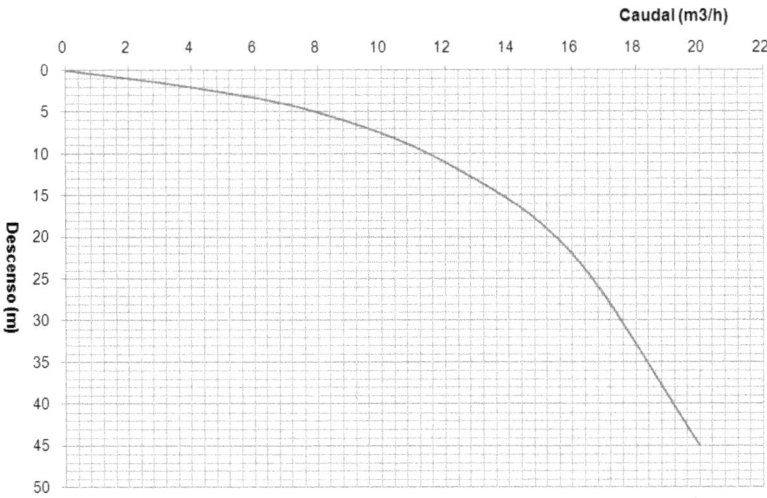

Fig. 3.1. Ejemplo de una curva caudal vs. abatimiento.

Observa una primera cosa: Si se bombea, por ejemplo, a 8 m³/h se hace desde 5 metros de profundidad respecto al nivel estático. Según lo visto en el apartado 2.3 y suponiendo 8h de funcionamiento diarias, se necesitan 194 euros de diésel anuales para este tramo de bombeo. Si se bombea exactamente la misma cantidad de agua a 20 m³/h, se hace desde 45m de profundidad, el coste anual pasa a ser 1.753 euros, casi 10 veces más. La conclusión es evidente: **¡Bombea al caudal más bajo razonable!**

Observa ahora una segunda cosa: Si el test de bombeo no es por etapas, las curvas suelen tener un punto de inflexión", entendido como un punto a partir del cual se curvan hacia abajo más rápidamente.

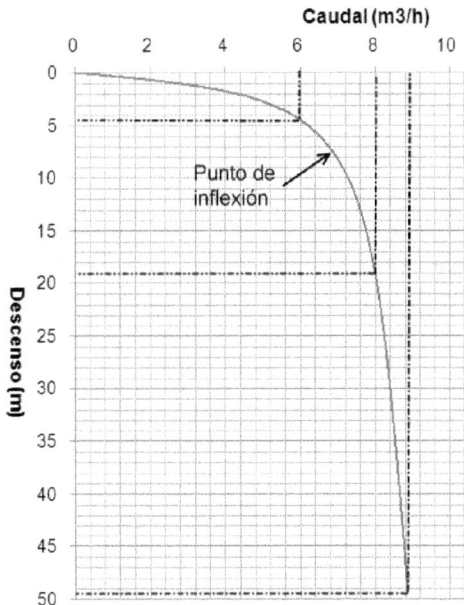

La diferencia en altura de bombeo entre 0 y 6 m³/h es tan sólo 5 m. La diferencia de altura entre bombear a 8 y 8,8 m³/h es más de 30m. Para conseguir 800 litros de agua más (un 10%) hemos multiplicado el consumo energético un 2,5 veces:
¡Bajar de los puntos de inflexión te saldrá muy caro!

Bombear a menor caudal te permitirá disminuir el tamaño de las tuberías por las que tenga que pasar el agua.

3. 2 DETERMINACION DEL CAUDAL OPTIMO

El caudal óptimo no es el máximo de operación. Sin embargo, la falta de inversión hace frecuentemente que los sondeos estén trabajando al máximo de su capacidad. Esto supone un coste adicional importante para los usuarios, como acabamos de ver.

La importancia del depósito

Para que una bomba no se dañe prematuramente hay que limitar el número de ciclos de encendido y apagado. Por otro lado, las bombas sumergibles funcionan de modo todo-nada, no se puede ajustar su caudal para adaptarse a la población. Esto hace que sea necesario un depósito que amortigue las variaciones de consumo de la población a lo largo del día y evite encendidos y apagados continuos de la bomba.

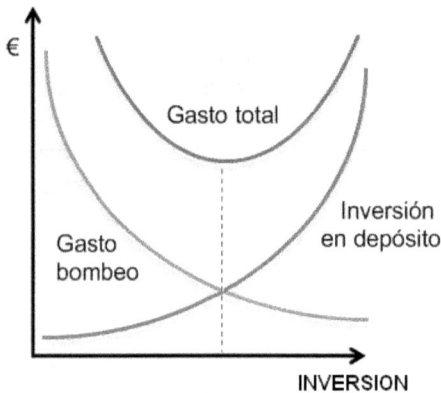

La selección de la bomba va orientada a obtener un compromiso entre minimizar el tamaño del depósito (evitando gastos de inversión) y minimizar la profundidad de bombeo (evitando gastos de funcionamiento). El objetivo es minimizar el gasto total.

El procedimiento pasa por construir un patrón de consumo diario e ir dimensionando depósitos para los distintos caudales. Después, comparar las facturas totales de cada pareja bomba-depósito. La teoría y ejemplos para cálculos de este tipo están en las referencias 1 y 2 de la bibliografía.

Procedimiento rápido de selección de caudal

Si estabas asustado ahora llegan las buenas noticias. La gran mayoría de casos de poblaciones se resuelven muy bien con la aproximación que sigue:

1. Calcula el consumo total diario de la población.
2. Dividiéndolo por 24 obtienes el caudal medio horario.
3. Multiplica esta cifra por el factor 1,8 para calcular el caudal de la bomba.
4. Comprueba que la cifra está hacia la izquierda del punto de inflexión.

Esta aproximación permite una muy buena economía de bombeo y tamaños de depósitos muy cercanos al óptimo asegurando que la bomba sólo se enciende varias veces al día. Este procedimiento no sirve para depósitos elevados, tanques neumáticos, ni usos muy variables del agua.

No necesitas hacer proyecciones para determinar la demanda futura de la población. Las bombas no duran tanto, sólo algunos años. Sin embargo, acuérdate de organizar que se repita el ejercicio cuando se reemplace la bomba.

El consumo diario depende mucho del contexto. Idealmente puedes realizar medidas y discutir con la población. En caso de que no sea posible, puedes orientarte con los **valores mínimos** en esta tabla:

Consumos diarios mínimos (l/un.)	
Habitante Urbano	50
Habitante Rural	30
Escolar	5
Paciente Ambulatorio	5
Paciente Hospitalizado	60
Ablución	2
Camello (una vez por semana)	250
Cabra y oveja	5
Vaca	20
Caballos, mulas y burros	20

Ejemplo de cálculo:

Se ha construido un sondeo para una población de 2.580 personas. Una familia media tiene 40 cabras y 2 vacas y está compuesta por 6 miembros. Calcula por el método rápido el caudal óptimo de la bomba y la curva de la figura 3.1:

El número de familias es 2.580 personas / 6 personas/familia = 430 familias.

Por lo tanto hay: 430 familias * 40 cabras/familia = 17.200 cabras
430 familias * 2 vacas/familia = 860 vacas

PASO 1. Usando los consumos mínimos de la tabla, el consumo diario total es:

2580 personas * 30 litros/persona*día = 77.400 litros/día
17.200 cabras * 5 litros/cabra*día   = 86.000 litros/día
860 vacas * 20 litros/vaca*día   = 17.200 litros/día
                    180.600 litros/día

PASO 2. El caudal medio es: 180.600 l/día * $1m^3/1.000$ l * 1 día/24h $\approx$ 7,5 m^3/h

PASO 3. Ajustar el caudal: 7,5 m³/h * 1,8 = 13,5 m³/h

PASO 4. La figura 3.1 no tiene un punto de inflexión marcado como es frecuente. En este caso con las tangentes a la curva se puede observar que está en una situación intermedia aceptable bombeando desde un tercio del descenso máximo.

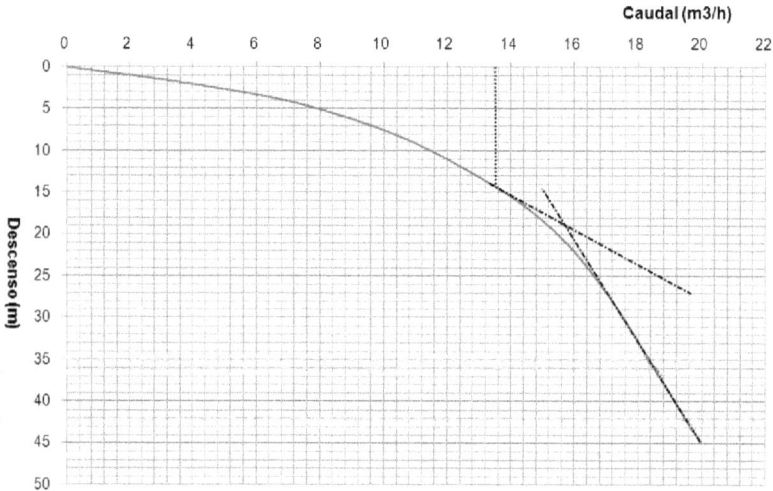

3. 3 DETERMINACION DE LA ALTURA DE BOMBEO

Es el segundo parámetro que necesitamos para definir la bomba necesaria.

Todas las resistencias que tiene que vencer la bomba se expresan en metros de altura y su conjunto se llama **altura** o **cabeza de bombeo**. Las fuerzas que tiene que vencer son:

1. La diferencia de altura entre el nivel dinámico del agua y la superficie de la zona donde entrega el agua, la **cabeza estática**. Su cálculo es directo restando las cotas.

2. La inercia del agua para pasarla desde el reposo a la velocidad de circulación, la **cabeza por velocidad.** En las velocidades habituales de trabajo de los sistemas de agua potable es despreciable.

3. La fricción contra las tuberías, la **cabeza por fricción.** Se calcula usando las tablas de fricción del material utilizado en las tuberías. Puedes descargarlas aquí: www.arnalich.com/dwnl/headloss.zip

4. **Cabeza por presión.** Si bombea dentro de una red con presión debe ser capaz de vencerla. Su valor es la presión de la red donde entrega, sabiendo que cada bar o kg/cm^2 es equivalente a 10 metros. Por ejemplo, si la red tiene una presion de 2 bares, se añaden 20m.

La cabeza de bombeo es la que se especifica al pedir la bomba y es la suma de todas las anteriores.

Ejemplo de cálculo:

Calcula la altura de bombeo del ejercicio anterior sabiendo que el nivel estático es 20 metros, y que la bomba de salida 3" descarga en un punto de una ladera, Punto A, 36 metros por encima de la boca del sondeo a través de una tubería de 1,2 km de PVC PN10 y 90 mm de diámetro.

La cabeza estática es la suma del descenso, el nivel estático y la altura de entrega desde la boca del sondeo. Para 13,5 m^3/h el descenso es 15m.

La cabeza estática es: 15m + 20m + 36m = 71m

La fricción que produce la tubería se lee de las tablas. Leyendo en las tablas el parámetro J para 13,5 m^3/h, lo que es lo mismo, 3,75 l/s, se obtiene 7m por cada km de tubería y la de tubería de elevación se desprecia por ser solo 36m:

PVC Ø90 -DI 81,4mm- PN 10		
J (m/km)	Q (l/s)	v (m/s)
0,50	0,841	0,16
0,60	0,933	0,18
6,00	3,436	
6,50	3,594	0,69
7,00	3,746	0,72
7,50	3,893	0,75

Al ser 1,2 km, la cabeza por fricción queda 7 m/km * 1,2 km = 8,4 m

La cabeza total es 71m + 8,4m = 79,4 m, aproximadamente 80m. La bomba necesaria es la que tenga el máximo rendimiento en la entrega de 13,5 m^3/h a 80m de altura.

---

3. 4 SELECCION DE LA BOMBA

Una vez conocido el caudal óptimo y la cabeza de bombeo, la selección de la bomba es muy sencilla. Las bombas tienen un rango amplio de bombeo por lo que no se trata de encontrar una bomba que funcionara, sino la bomba con mayor eficiencia.

Una cuestión a la que prestar atención es que la bomba quepa dentro del sondeo y que tendrá suficiente holgura para permitir la refrigeración (2 cms a cada lado).

Curvas características

Son curvas que definen el comportamiento de las bombas. Generalmente se agrupan por familias de bombas que tienen el mismo motor pero distinto número de etapas.

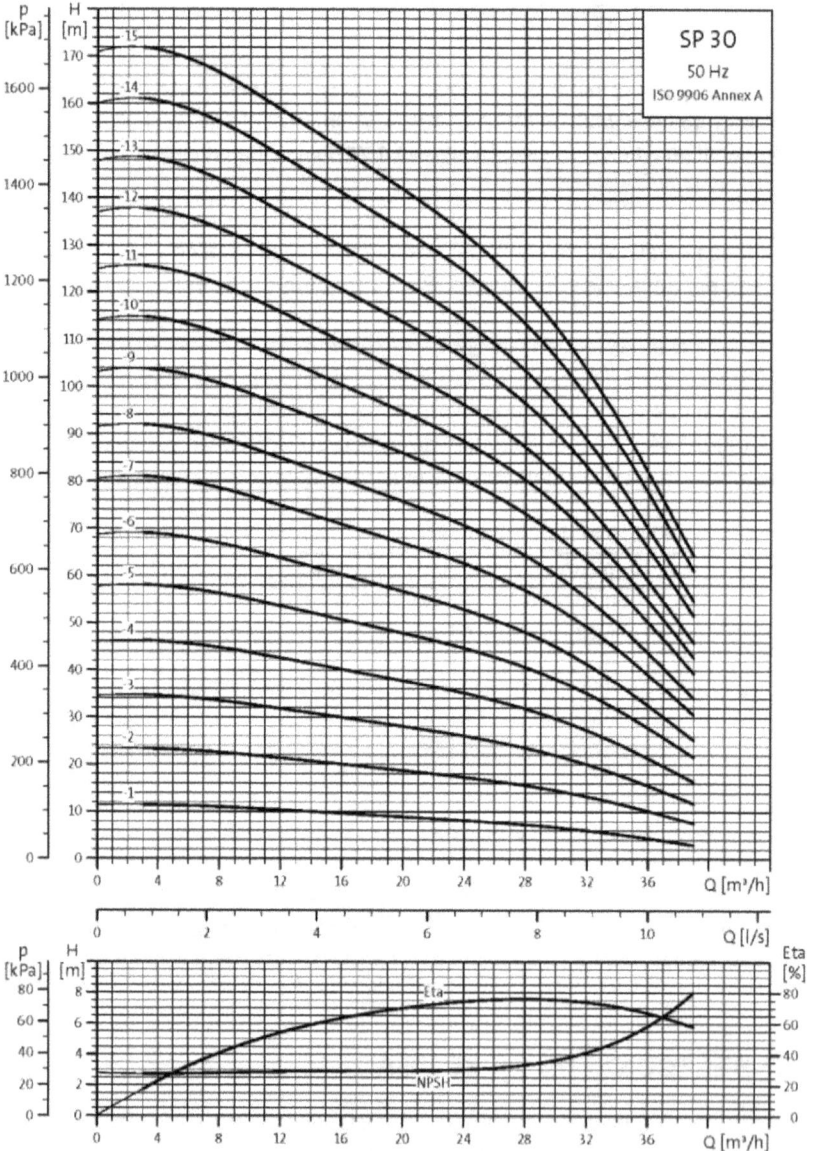

Fig 3.4. Curvas características de una familia de bombas SP30 (Cortesía de Grundfos).

Para seleccionar una bomba, el criterio principal es la eficiencia, ya que suele haber varias bombas que cumplen los criterios de caudal y cabeza de bombeo. Es una curva en forma de montículo generalmente en la parte inferior de las gráficas. El proceso es el siguiente:

1. Entre las curvas de los distintos modelos de bombas de varios fabricantes, busca rápidamente aquellos que tienen el valor de caudal óptimo hacia el centro-derecha de la gráfica y descarta el resto.

2. En las hojas que queden, traza una linea vertical por el caudal óptimo hasta que cruce la línea de la eficiencia (Eta). Proyectando horizontalmente se obtiene una eficiencia del 75%. Esta eficiencia es muy buena y nos indica que estamos en la familia de bombas adecuada.

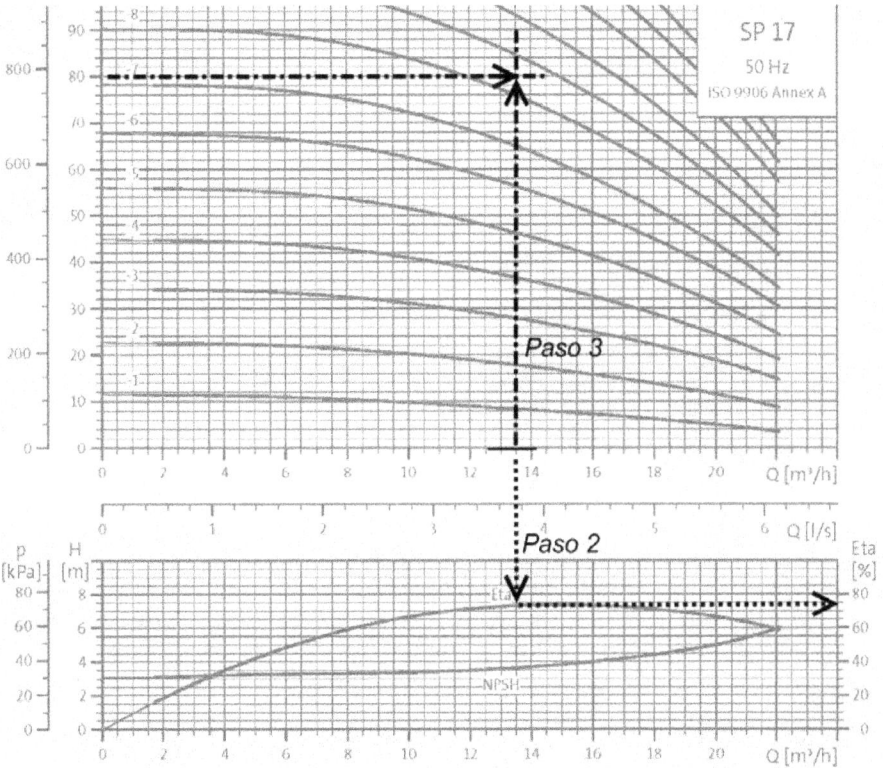

3. Traza una linea vertical por el caudal óptimo y una horizontal por la cabeza de bombeo. La curva más cercana al punto de cruce es la bomba a seleccionar, en este caso podría ser la 9 o la 8. No te preocupes si no cae exactamente en una curva, es normal. La bomba SP 17-8 dara un poco

menos de caudal que 13,5 m³/h (exactamente 12 m³/h) y la SP 17-9 un poco más (15 m³/h).

Selección con WebCAPs / WinCAPS

Si vas a usar un modelo del fabricante Grundfos (Distribuido en África por Davies and Shirtliff) puedes utilizar su software para dimensionar de una manera muy sencilla. WinCAPs es la versión que se instala en tu ordenador y WebCAPs es la misma aplicación pero se accede por internet: http://www.grundfos.com/web/homees.nsf Selecciona el apartado dimensionamiento, luego aguas subterráneas y sigue las instrucciones.

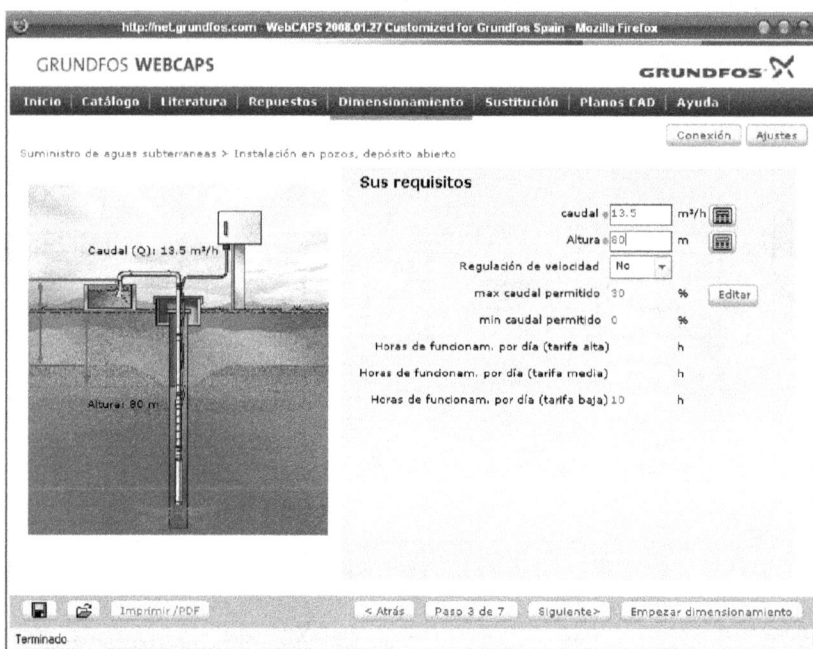

Fig 3.4b. Pantallazo de WebCAPs en el proceso de selección de la bomba (Grundfos).

3. 5 PROFUNDIDAD DE INSTALACION DE LA BOMBA

Es la profundidad a la que se instala la bomba. Un error común consiste en pensar que debe estar cerca del nivel dinámico para que no bombee desde muy abajo. Lo que cuesta es elevar agua sobre aire. Elevar agua sobre agua no requiere trabajo y por tanto, da prácticamente igual si la bomba esta a 5 metros por debajo del agua o a 50. Para visualizarlo, imagina un bolsa de agua sumergida en un lago. Sólo cuando intentes sacarla fuera del agua notarás su peso.

Sin embargo, cuanto más superficial esté la bomba, menos tubería y cable eléctrico será necesario y el trabajo de instalación disminuye considerablemente.

Para proteger a la bomba intenta:

1. Instalarla en un tramo de camisa. Cuando las bombas se instalan en tramos de filtro, las partículas van directamente a la bomba y la desgastan.

2. Instalarla con un tramo de filtros por debajo para asegurar una refrigeración correcta.

3. Deja un margen de seguridad sufiente como para que bajadas estacionales en el nivel freático no la dejen al descubierto durante el bombeo. Las bombas en el aire se queman rápidamente. Aunque llevan sensores de nivel para apagarlas automáticamente antes de que queden al descubierto, esto interrumpe el servicio y multiplica los arranques innecesariamente.

4. Tuberías

4. 1   LA TUBERIA DE ELEVACION

La tubería de elevación une la bomba con el exterior y tiene una función de soporte además de la conducción del agua bombeada. La bomba cuelga de esta tubería. Va roscada en su parte inferior y la parte superior va fijada con una abrazadera a la boca del sondeo o va roscada en un accesorio que hace de tapa:

La tubería suele ser tubería de hierro galvanizado común en piezas de 3 ó 6 metros con union roscada. El diámetro de la tubería debe ser el mismo que la salida de la bomba. En los sondeos con los que se trabaja normalmente en Cooperación será probablemente de 2" a 4". Calcula la pérdida por fricción de esta tubería sólo si mide más de 50m (Ver ejemplo del punto 3.3). Normalmente será despreciable.

4. 2 ACCESORIOS

Se colocan a la salida del sondeo y sirven para el control del sondeo.

Hay muchas maneras de unir los accesorios. Una práctica puede ser la que se muestra en la imagen. El conjunto tiene una Te que permite bombear hacia el destino o hacia un desagüe para hacer pruebas. Siguiendo la dirección de salida del agua son:

1. **Codo 90º**. Sirve para horizontalizar el flujo. En la imagen lleva instalado un medidor de presión (manómetro).

2. **Contador.** Mide el volumen de agua que circula. Se instala antes de la Te para tener medidas en las pruebas a través del desagüe. Es muy importante que se instale en una dirección concreta (lleva una flecha indicadora).

3. **Válvula de no retorno.** También lleva una flecha que muestra el sentido del flujo. Sólo deja pasar el agua en una dirección y sirve para evitar que el agua vuelva al sondeo una vez se para la bomba. Las bombas suelen llevar una incorporada en su estructura. Ésta sirve de reserva.

4. **Te.** Permite bombear hacia un desagüe para realizar pruebas y vaciar la tubería principal que sale desde los accesorios hasta el punto de entrega.

5. **Válvulas de compuerta**. Son dos y sirven para abrir o cerrar el flujo. Cuando se cierra la principal y se abre la de la rama el agua se bombea al desagüe. Si se cierra la lateral y se abre la principal, el agua se encamina hacia el punto de entrega.

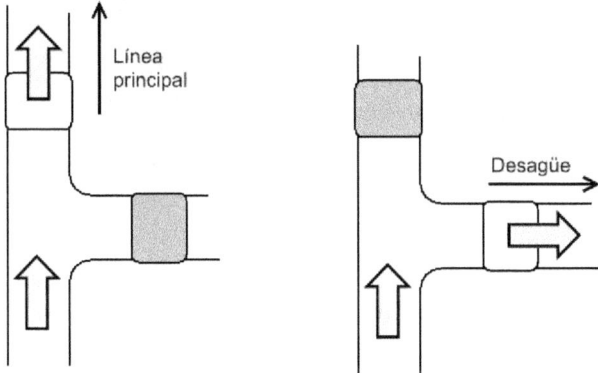

6. **Grifo**. Para la obtención de muestras. En aquellos sondeos donde un operario vaya a pasar tiempo en la caseta es fundamental.

7. **Reductor**. Se coloca al final de la línea y en realidad es un "ampliador" en el sentido del flujo. El diámetro de la tubería de elevación suele ser pequeño por las limitaciones de espacio dentro del sondeo. Una vez la tubería haya salido de la boca suele ser necesario aumentarle el diámetro. El mejor lugar para hacerlo es pasado los accesorios, ya que éstos suben mucho de precio al pasar de un diámetro a otro.

El cálculo del diámetro de las conducciones más allá de los accesorios no es objeto de este libro, sin embargo, ten presente que no necesariamente es el mismo que el de la salida de la bomba, y que, de hecho y como se acaba de explicar, rara vez lo es.

4. 3 POTENCIAL DE CORROSION

Es muy importante anticipar si el agua del acuífero va a provocar problemas de corrosión. La tubería de elevación y la bomba están sumergidas permanentemente y la corrosión del agua puede hacer estragos.

El problema es especialmente importante en la tubería de elevación. La corrosión puede debilitar la tubería en algunos años y llevar a la caída de la columna dentro del sondeo (con mala suerte puede volverse irrecuperable).

Cuando se anticipe corrosión, se debe
instalar tubería de plástico y prestar
antención a la posible reducción del
diámetro.

La imagen muestra la reducción de
diámetro por corrosión (tuberculación)
en una pieza de la tubería de elevación
en Eritrea.

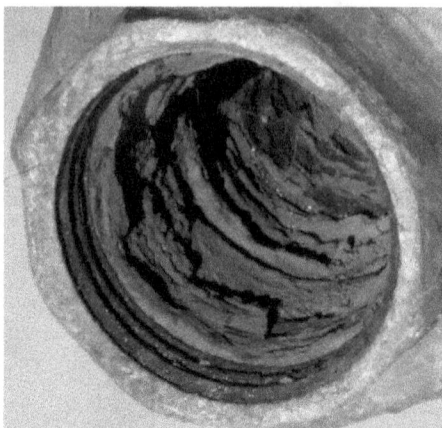

Determinando el potencial de corrosión

Para determinar si el agua tiene carácter incrustante o corrosivo se utiliza el **Índice de Langelier**:

$$IL = pHa - ((9.3 + A + B) - (C + D))$$

Donde:
  pHa, pH del agua
  $A = (Log_{10}$ [Sólidos Totales Disueltos] - 1) / 10
  $B = -13,12$ x Log_{10} (Temperatura del agua en $^{\circ}C$ + 273) + 34,55
  $C = Log_{10}$ [Ca^{2+} en mg/l de $CaCO_3$] – 0,4
  $D = Log_{10}$ [Alcalinidad en mg/l $CaCO_3$]

Los datos que necesitas están en el análisis de agua.

Si IL = 0, el agua está en equilibrio químico.
Si IL < 0, agua tiene tendencia corrosiva.
Si IL > 0, agua tiene tendencia incrustante (formación de placas de cal).

A efectos prácticos:

  Si los valores están entre -0,3 y 0,3 el agua no dará problemas.
  Entre -0,5 y -0,3 tendrá una ligera tendencia sin grandes problemas.
  Si IL<-0,5, la corrosión será un problema.
  Si IL >0,5, se formarán depósitos abundantes.

Para hacerte el cálculo menos farragoso, puedes buscar alguna calculadora en internet, por ejemplo: http://www.csgnetwork.com/langeliersicalc.html

Ejemplo de cálculo:

El análisis del agua del sondeo muestra los siguientes resultados: pH = 6,7; TDS= 46 mg/l; Alcalinidad = 192 mg/l; Dureza CaCO₃ =102 mg/l. Si el agua está a 12°C ¿qué precauciones habrá que tomar?

Se determina si el agua tiene carácter incrustante o corrosivo usando el Índice de Langelier:

$$A = (Log_{10} [SDT] - 1)/ 10 = (Log_{10} [46] - 1)/ 10 = 0,066$$
$$B = -13,12 Log_{10} (T° + 273) + 34.55 = -13.12 Log_{10} (285) + 34,55 = 2,34$$
$$C = Log_{10} [Ca^{2+} \text{ en mg/l de } CaCO_3] - 0,4 = 1,6$$
$$D = Log_{10} [\text{Alcalinidad en mg/l } CaCO_3] = 2,28$$

$$IL = pHa - ((9,3 + A + B) - (C + D)) = 6,7 - ((9,3 + 0,066 + 2,34) - (1,6 + 2,28)) = -1,1$$

El agua es muy corrosiva. Se instalará tuberías resistentes a la corrosión, PVC o Polietileno de alta densidad (PEAD).

5. Sistema eléctrico

5. 1 EMPALME BOMBA-CABLE

En condiciones normales, la bomba lleva poco más de un metro de cable eléctrico que permite la unión con el cable necesario desde el panel de control. Esta unión se hace con un kit de empalme (Splicing kit o Splice kit) para asegurar la estanqueidad.

El kit consiste en un recipiente de plástico alargado donde se unen los cables eléctricos. Una vez unidos, se vierte una resina que llena completamente el recipiente dándole solidez mecánica y volviéndolo completamente estanco.

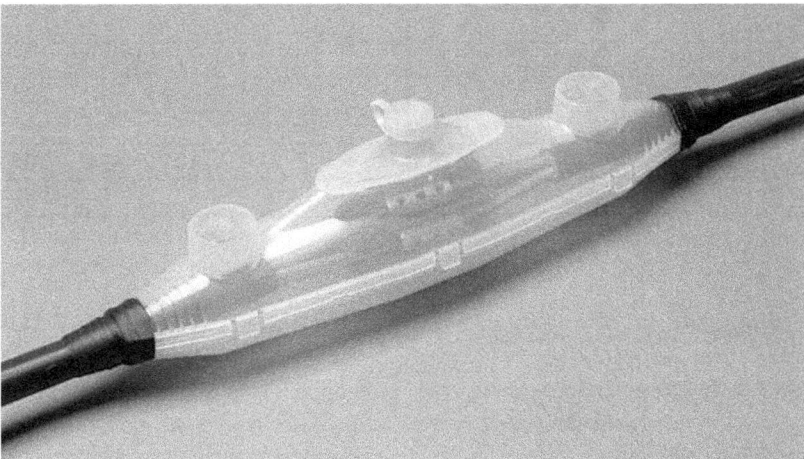

Fig 5.1. Empalme con un kit antes de ser rellenado con resina (Cortesía de 3M).

Lo normal es que hagas el pedido de la bomba con el cable especificando que lo quieres ya unido. En cualquier caso, para solventar errores tontos o daños del cable durante la instalación es buena idea tener alguno más. En el caso de pequeños defectos, puedes repararlos con resina epoxi normal rápida (ej. Araldit 5 min.).

5. 2 SELECCION DEL CABLE

Cuando la corriente eléctrica circula por un cable pierde voltaje. A mayor distancia y menor sección del cable, mayor pérdida de voltaje. La selección del cable va encaminada a elegir el cable de menor sección que mantiene el voltaje dentro de valores adecuados. Aunque se suele pedir al proveedor que determine el cable necesario, no está mal comprobarlo. Puedes verificarlos contra esta tabla :

	POTENCIA DEL MOTOR		INTENSIDAD MAXIMA	SECCION MINIMA CABLE	DISTANCIA MAXIMA (m) SEGÚN SECCION DEL CABLE (mm^2)					
	kW	CV	A	mm^2	1.5	2.5	4	6	10	16
MONOFASICO	0.37	0.5	3.5	1.5	180					
	0.55	0.75	5.0	1.5	121	202				
	0.75	1.0	6.7	1.5	91	152	243			
	1.10	1.5	7.2	1.5	63	105	168	252		
	1.50	2.0	10.6	1.5	49	81	130	195	326	
	2.25	3.0	15.8	2.5		56	89	134	223	
TRIFASICO	1.10	1.5	3.1	1.5	382	636				
	1.50	2.0	3.9	1.5	303	505				
	2.25	3.0	5.5	1.5	210	350				
	3.75	5.0	8.7	1.5	131	218	349			
	5.63	7.5	13.0	2.5		155	248	372		
	7.50	10.0	17.2	2.5		115	184	276	460	
	11.30	15.0	24.0	4.0			126	190	316	505
	15.00	20.0	32.0	4.0			95	142	237	380
	18.80	25.0	40.0	6.0				114	190	304
	22.00	30.0	46.0	10.0					164	262

Fuente: Davies and Shirtliff basado en las recomendaciones de Grundfos.

5. 3 SENSORES DE NIVEL

La bomba necesita agua para refrigerarse. Si se hace funcionar en vacío sin agua, se quema al cabo de algunos minutos. Para evitar que esto ocurra, la bomba tiene incorporados unos sensores de nivel que la apagan automáticamente cuando detectan aire.

5. 4 PANEL DE CONTROL

El panel de control contiene el botón de encendido, el de apagado y las protecciones. Los hay más o menos sofisticados. El proveedor de la bomba te puede indicar sin problemas qué panel debes comprar.

Es muy importante que la instalación eléctrica proteja a las personas. La protección se realiza con un interruptor diferencial, que corta el circuito cuando detecta que el circuito tiene una fuga (lo que ocurre cuando una persona se electrocuta).

En Cooperación es frecuente encontrar paneles de control sin diferencial. Son populares por su menor precio. Evítalos cuidadosamente, salvo que el generador o la instalación ya lleven uno. Asegúrate preguntado a los responsables de la instalación y buscando un interruptor similar al de los plomos de las casas. Normalmente tienen un botón con una "T" de test.

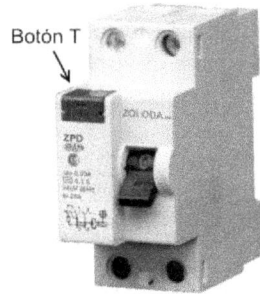

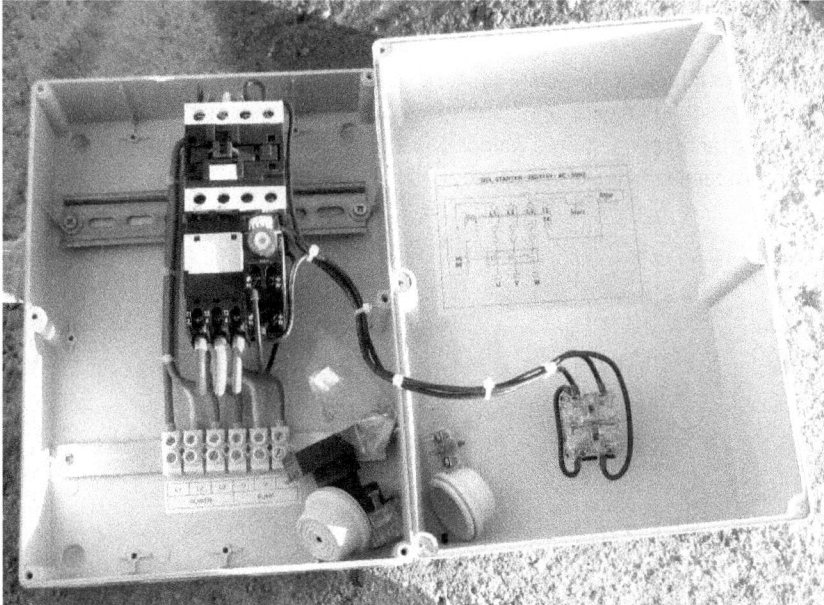

Botón T

Fig. 5.4. Panel control sin protección para las personas: ¡Interruptor diferencial y cable de toma de tierra (verde-amarillo) ausentes!

5. 5   TOMA DE TIERRA

Todas las instalaciones eléctricas deben tener una toma de tierra para proteger a las personas. La toma de tierra es una instalación muy sencilla y muy barata de protección contra la electrocución. Se trata de proveer un camino de muy poca resistencia para que en caso de fuga, la electricidad tenga más facil el paso por el sistema que por una persona. Consiste en una barra metálica enterrada en una mezcla de sales y conectada a la instalación eléctrica a través de un cable. El cable de tierra suele ser de color verde y amarillo. **¡Coloca la toma de tierra antes de hacer cualquier prueba de funcionamiento!**

GNU Free Documentation license.

5. 6   ¡COMPROBACION DEL SENTIDO DE GIRO!

Presta atención porque éste es un problema frecuente y muy sencillo de solucionar que sin embargo ha bloqueado a las personas y las ha llevado a las conclusiones más extrañas ("el sondeo está colapsado", peleas sobre responsabilidades,etc.) en los lugares donde he trabajado.

En las bombas trifásicas, al intercambiar dos cables de fase entre sí, el motor pasa de girar en un sentido a girar en el otro. Las bombas que giran en sentido contrario siguen bombeando agua, pero a menor presión y caudal debido a que la forma de los álabes está optimizada para un sentido:

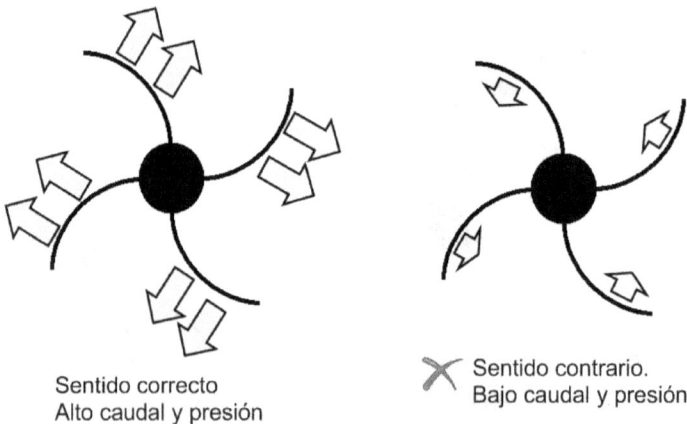

Sentido correcto
Alto caudal y presión

Sentido contrario.
Bajo caudal y presión

Fig 5.5 Representación simplificada del sentido de giro respecto a la forma de los álabes.

Una bomba que gira en sentido contrario es muy ineficaz. Aunque no cumplirá con los requisitos de diseño es fácil que pase desapercibida si las condiciones de instalación no son exigentes. Por este motivo, **es fundamental que compruebes el sentido de giro de cualquier bomba que vayas a instalar** mediante un simple proceso que no lleva más de 5 minutos:

1. Conecta la bomba de una manera en concreto.
2. Ponla en funcionamiento y observa el caudal y la fuerza de salida del agua.
3. Cambia dos cables de fase entre sí y vuelve a observar.

Aquella conexión que más caudal y fuerza consiga, es la conexión correcta. No te preocupes que la diferencia es obvia.

Fig 5.5b. Sentido correcto. "Corner Point", campo de refugiados Lugufu I, Tanzania.

Cuando se pone en marcha una bomba, tiene que llenar toda la tubería de elevación antes de que salga agua por la boca. Es normal que transcurran algunos segundos o minutos desde el encendido hasta la aparición del agua.

6. Energía

6. 1 GENERADORES

Salvo que trabajes en zonas urbanas, es muy frecuente que no haya una red eléctrica donde conectar. En estos casos, la electricidad proviene de un generador diésel. La potencia de un generador puede venir en kilowatios (kW) , en caveas (kVA) o menos frecuentemente en caballos (CV):

$$1 \text{ kW} \approx 1,25 \text{ KVA} \approx 1,36 \text{ CV}$$

En los generadores trifásicos, el voltaje de una fase viene tras la barra: 380/220V ó 415/240V.

¿Qué potencia necesito?

Para determinar la potencia que necesita el generador sigue este proceso:

1. Averigua la potencia de la bomba. La encontrarás en la placa identificativa o en el manual de usuario.

2. Averigua el factor para ajustar el pico de arranque. Los motores eléctricos tienen un pico de consumo durante el arranque. El fabricante de la bomba te dirá cuál es. A falta de datos usa x3.

3. Rebaja el generador. Con el calor y la altura el generador pierde potencia. A falta de datos del fabricante, debes aumentar su capacidad en un 0,4% por cada grado centígrado por encima de 25ºC y un 1,4% por cada 100m por encima de los 100m de altitud.

Fig 6.1 Instalación de un generador en el sondeo de Awr Culus, Somalia.

Ejemplo de cálculo:

Calcula el generador necesario para alimentar una bomba de 10 kW situado a 400m de altura en una zona cuya máxima anual es 34ºC.

PASO 1. La bomba consume 10 kW.

PASO 2. En el pico de arranque consumirá: 10 kW * 3 = 30 kW

PASO 3. Rebajando por la altura: (400m – 100m) * 1,4/100m = 4,2 %
            Por temperatura: (34ºC – 25ºC) * 0,4 = 3,6 %

        El 4,2 % de 30 kW es: 0,042 * 30 kW = 1,26 kW
        El 3,6% de 30 kW es: 0,036 * 30 kW = 1,08 kW

La potencia del generador debe ser: 30 kW + 1,26 kW + 1,08 kW =32,34 kW.

Como sólo hay ciertos tamaños disponibles comercialmente, se elegirá el inmediatamente superior.

6. 2   CONEXIÓN A UNA RED EXISTENTE

Cuando hay una red existente se evita la necesidad de un generador sólo si el suministro es medianamente regular. El proyecto de conexión debe estar a cargo de alguien con las competencias necesarias y suele necesitar autorización por parte de las autoridades responsables de la energía. Según las condiciones locales puede ser un coste muy importante en el proyecto.

Fig. 6.2 Electrificación del sondeo Afshar 2, Kabul, Afganistán. Transformador y poste final.

6.3 BOMBAS MOINEAU ("MONO")

En el generador, la energía mecánica del motor diesel se transforma en electricidad con un rendimiento. Si la bomba tiene un rendimiento del 60% y el alternador del generador de un 60% el rendimiento conjunto sería:

$$0,6 \times 0,6 *100 = 36\%.$$

Observa que el rendimiento del conjunto es mucho menor. Si el motor diesel mueve directamente la bomba a través de correas, se evita esa pérdida de rendimiento:

Fig. 6.3. Sondeo equipado con una bomba Mono.

Las bombas Moineau son bombas que funcionan por desplazamiento entre dos piezas que engranan dejando huecos entre sí. Esos huecos se van desplazando hacia arriba en un sistema de tornillo sin fin similar al tornillo de Arquímedes.

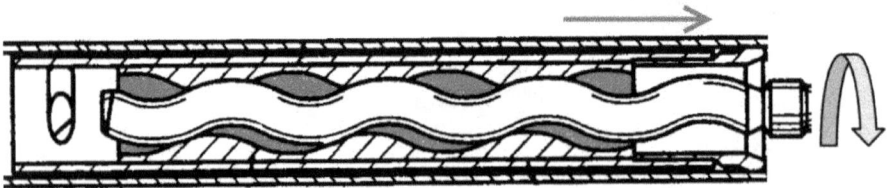

¿Es una alternativa viable en tu zona?

7. Pedido del material

La llegada de material completo y a tiempo es esencial para evitar retrasos. Este capítulo te enseña cómo pedir el material que necesitas.

7. 1 REGLAS DEL PROCESO DE COMPRA

Normalmente no puedes ir a comprar el material a tu antojo. Para evitar la corrupción, el desvío de fondos y fomentar la libre competencia de los proveedores, los procesos de compra, a partir de una cierta cantidad, necesitan seguir un procedimiento regulado.

Estas reglas definen generalmente quién tiene que firmar la autorización de la compra y cuántas ofertas de proveedores hacen falta.

A efectos prácticos averigua:

1. Quién tiene que autorizar tu pedido y cuáles son las reglas dentro de tu organización.

2. A partir de qué cantidad se aplican estas reglas.

3. Si existen limitaciones a lo que puedes comprar impuestas por el donante. Por ejemplo, que todo el material que cueste más que cierta cantidad tenga que provenir de la Unión Europea.

7. 2   LA IMPORTANCIA DE LA COMUNICACION

Normalmente habrá una persona o un departamento de logística que se encargue de procesar el pedido. Esa persona o departamento no tiene por qué ser un especialista del abastecimiento de agua. Como la naturaleza humana es vieja amiga de todos nosotros, aquellas órdenes ininteligibles tienden a "chupar" mesa indefinidamente y cuando finalmente se procesan, tienen infinidad de errores y malentendidos. Para que tu pedido llegue rápido y no tengas sorpresas:

1.   Define todo el material con exactitud sin dejar lugar a dudas. En breve aprenderás cómo.

2.   Añade a la orden diagramas e imágenes. La persona encargada de la compra podrá mostrárselas al proveedor. Esto le simplifica mucho el trabajo y evita malentendidos.

3.   En los accesorios menos comunes, incluye segundas y terceras opciones en el caso de que tu primera opción no estuviera disponible.

4.   Divide tu pedido en áreas, por ejemplo, todas los materiales relativos a la bomba juntos. Así evitarás que un accesorio te retrase todo el pedido y le facilitarás la labor a los compañeros de logística.

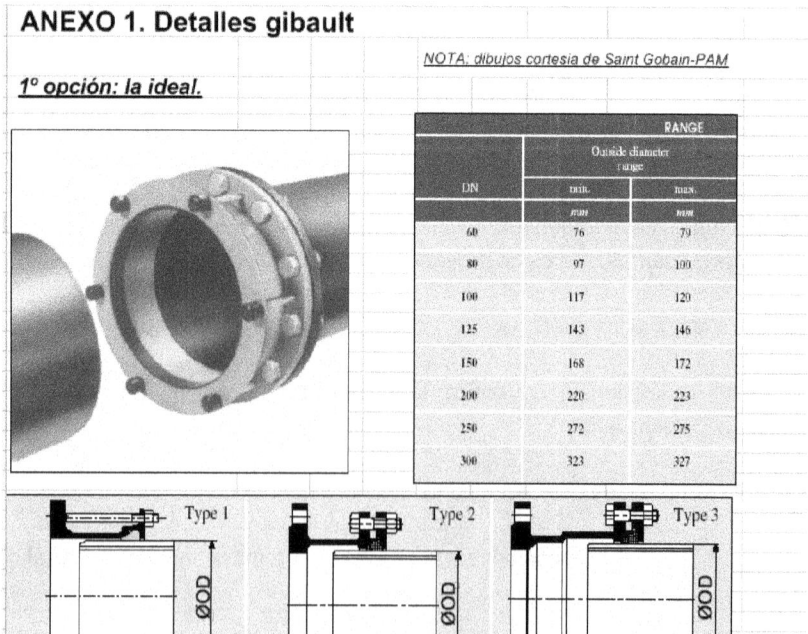

Fig. 7.2. Ejemplo de la inclusión de detalles y alternativas en un pedido, Indonesia.

7. 3   PIDIENDO CON PRECISION

Se trata de dejar cada accesorio definido en todas sus características sin lugar a dudas.

La bomba

La debes seguir personalmente, aun si hay un departamento de compras, para evitar que acabes con la bomba más barata pero no necesariamente la más adecuada. Lo mejor es que investigues qué tres bombas están cerca de tus necesides, pidas el precio de las tres y si es razonable en comparación con las otras, compres la que más se ajusta a lo necesario "basándote en criterios técnicos". Evita escrupulosamente bombas de mala calidad (generalmente chinas o indias).

La frecuencia de funcionamiento depende del país donde estés. La mayor parte de ellos, y en Europa, son 50 Hz. Estados Unidos y algunos otros países como Ecuador o Filipinas usan 60 Hz.

BOMBA: Especifica fabricante, modelo, frecuencia y conexión de salida

1 uds   Bomba sumergible Grundfos SP 8A-15, 50 Hz, conexión a rosca.

Kit de empalme

El número de fases y el voltaje los determina la bomba. Los kits se fabrican por franjas de voltaje (ej. Bajo voltaje de 0-600V) y se encargan al proveedor de la bomba.

KIT EMPALME: Voltaje y número de fases

1 ud   Kit de empalme sumergible, 3 fases, 415V.

Cable sumergible

Pide 20 ó 30 metros más de lo que necesitas para tener un margen para modificaciones y errores.

CABLE SUMERGIBLE: Longitud, sección, número de fases y unión a la bomba:

245 m   Cable sumergible de $6mm^2$ y 3 fases unido a la bomba.

Panel de control

Normalmente se pide al proveedor de la bomba y no hay que dar grandes detalles, sólo asegúrate que lleve protección diferencial (Sección 5.4). La potencia que debe tener es la misma que tiene la bomba.

PANEL DE CONTROL: Potencia, voltaje, número de fases, frecuencia y protección diferencial:

1 ud Panel de control 7,5 kW, 3 fases, 415V con protección diferencial.

El generador

Cualquier generador de mediano tamaño será diésel. Para asegurar los repuestos, no seas demasiado original con la marca ni lo pidas del otro lado del mundo. Las marcas de generadores que encuentres localmente serán las ideales. Los generadores pueden venir protegidos con un habitáculo para colocarlos en exteriores. Especifica las condiciones de funcionamiento, especialmente la temperatura, para que los aceites y líquidos refrigerantes se adapten a ellas. Según la configuración de la caseta puedes necesitar pedir tubería para el escape de gases. Recuerda que 1 kVA es aproximadamente 0,8 kW.

GENERADOR: Potencia, voltaje, número de fases, protección y temperatura.

1 ud Generador, 30 kVa, 415/240V, sin habitáculo, funcionando entre 20 y 40ºC.

Toma de tierra

Vienen en forma de kit. Deja que el proveedor determine la longitud de la piqueta y la sección. En el caso de conexión a una red existente, la toma de tierra vendrá dentro del diseño contratado.

1 ud Kit de toma de tierra para el generador

El material para la conexión eléctrica a una red existente

En muchos casos es conveniente incluir este material dentro del contrato de ejecución. Así la compañía que ejecuta queda responsable de comprar el material. En cualquier caso, incluye en el contrato de diseño la elaboración de un listado de materiales con su precio aproximado.

Tuberías y accesorios

La tubería se pide por número de tuberías de una longitud determinada. Suelen venir en longitudes de 3 ó 6m. A falta de otros argumentos, utiliza la tubería de 6m que disminuirá a la mitad el trabajo de instalación y la posibilidad de fugas.

Si necesitas una tubería de plástico para la corrosión, utiliza PEAD. Lo más cómodo es que pidas un rollo por la profundidad de instalación con los accesorios de transición hacia rosca ya soldados. Los rollos sólo están disponibles cuando el diámetro es de 4" y menor.

TUBERIA DE ASCENSO: Material, diámetro, presión, presentación y conexión:

6 uds   Tubería de hierro galvanizado, 4", 25 bar, en tubos de 6m, unión roscada
82m   Tubería de PEAD, 3", 10 bar, en rollo único, con 2 roscas terminal soldadas

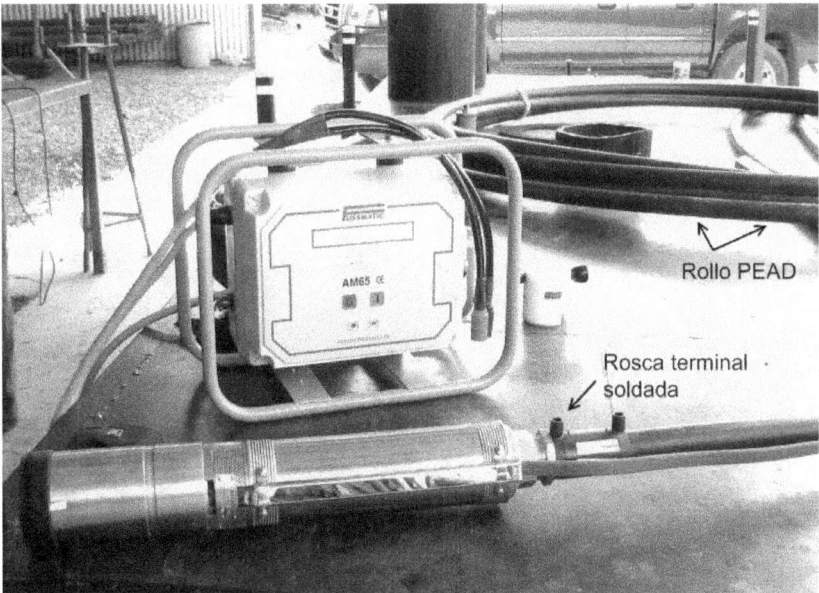

Fig. 7.3. Conexión de tubería de PEAD en rollo a una bomba sumergible.

ACCESORIOS: Tipo,(material), diámetro, presión, y conexión:

1 uds   Codo, hierro galvanizado, 4", 25 bar, unión roscada.
2 uds   Válvula de compuerta 4", 10 bar, unión roscada.
60 uds   Manguito de conexión, hierro galvanizado, 4", 25 bar.

Los accesorios pueden ir unidos por rosca, generalmente hasta 4" de diámetro, o por medio de bridas atornilladas, de 4" en adelante:

Fig. 7.3b. Conexión roscada (izquierda) vs. conexión por bridas (derecha).

En algunos casos, notablemente los contadores y para diámetros de 4" o mayores, los accesorios no tienen unión roscada y hay que hacer una transición entre tubería roscada y tubería con bridas. Lo más sencillo es hacerlo con una tubería corta roscada en un lado y con brida en el otro.

Cuando las tuberías están roscadas, los sistemas se vuelven rápidamente imposibles de construir. En una te, por ejemplo, habría que rotar toda la instalación para poder montar la tubería. Además, una avería en un punto requeriría desmontar toda la instalación hasta ese punto. Para poder desmontar la tubería en cualquier punto se utilizan las "uniones".

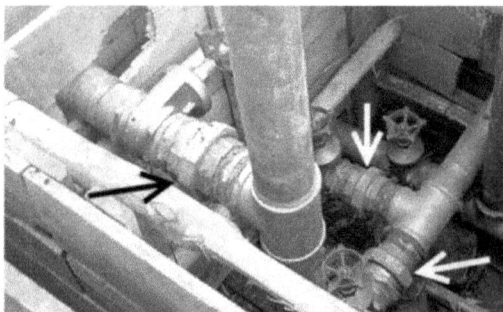

El cable de acero

Las bombas se aseguran con un cable de acero trenzado para evitar que se caigan durante la instalación/ desinstalación, por procesos de corrosión o por unión defectuosa de tuberías. En el caso de las tuberías de plástico, el cable de acero impide que la tubería se estire y la bomba acabe colocada a una profundidad incorrecta. Cuando el agua es corrosiva se coloca un cable de acero recubierto de PVC.

El cable se pasa por la carcasa de la bomba y se fija con 3 abrazaderas. En la boca del sondeo se procede igual. Si faltara el cable, usa una cuerda atada con un as de guía (Anexo E) internamente a la tapa (las cuerdas sintéticas se pudren al sol).

CABLE: Diámetro, recubrimiento PVC.   ABRAZADERAS: Diámetro.

100m   Cable de acero 4mm en rollo único, con recubrimiento PVC
6 uds   Abrazaderas 4mm.

Abrazaderas de cable sumergible

Para evitar que los cables se enreden se atan cada 3 metros a la tubería de elevación. Aunque los proveedores pueden suministrar abrazaderas de goma es frecuente hacerlo con tiras de goma de cámaras de neumático.

Tapa del sondeo

Sirve para tapar el sondeo una vez se han instalado las tuberías. Pueden ir roscadas a la tubería de elevación o ser dos mitades que dejan un espacio circular entre ellas al cerrarse. Este segundo sistema requiere una abrazadera en forma de omega que sujeta a la tubería. Es la misma que se usa durante el descenso de la bomba en la instalación. En ambos casos, se debe proveer espacio para el cable sumergible y otro para poder introducir una sonda piezométrica para estudiar los niveles de agua (un agujero de 3 cm de diámetro es suficiente).

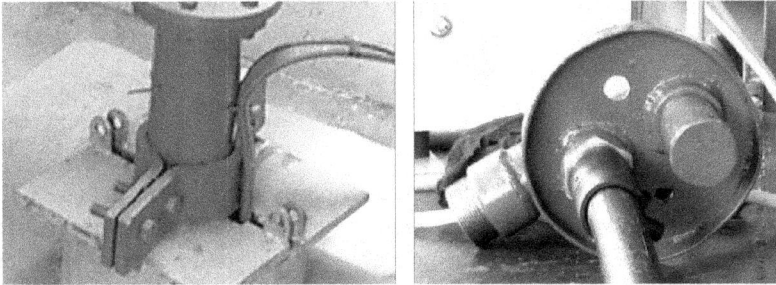

La tapa en dos partes suele encargarse a un herrero anotándole las dimensiones.

TAPA SONDEO: Diamétro tubería elevación, sistema y diámetro a cubrir.

1 ud   Tapa sondeo 4" a roscar en tubería de elevación con anilla para cable de acero. Diámetro mayor a 12"

7. 4 MATERIAL CRITICO

Son los materiales más problemáticos y que más tiempo requieren.

Subcontratos

Algunas organizaciones consideran los contratos de ejecución como una compra. En esos casos tendrás que hacer "un pedido" para ellos. En cualquier caso, el contrato de electrificación y el contrato para la costrucción de la caseta del sondeo serán por una cantidad suficientemente grande como para exigir 3 ofertas de 3 compañías distintas. Las ofertas llevan tiempo. Si necesitas estos contratos, inicia esos procesos lo antes posible.

Puedes montar parte del equipo sin caseta o hacer la caseta antes de la instalación, pero los dos necesitarán estar terminados para el funcionamiento.

Material caro

Hay varias razones para pedir la bomba y el generador tempranamente:

1. Suelen requerir autorizaciones internas y ofertas de 3 proveedores.

2. La bomba que necesitas puede no estar en stock. Los fabricantes generalmente almacenan las bombas más comunes y el resto las hacen a demanda.

3. En ocasiones, hay que pedirlos lejos del país de instalación. Cuanto más lejos, más posibilidades de que llegue con bastante retraso y de que llegue dañado.

7. 5   DIVISION DE PEDIDOS

En mi experiencia, no es buena idea hacer un pedido con todo el material. Los problemas, retrasos e incidencias de algún elemento se contagian a todos los demás y el pedido de ofertas se complica ya que no todos los proveedores ofrecen todos los servicios. Una división de pedidos que puede evitar estos problemas es:

1. Pedir el generador, toma de tierra y posibles repuestos en un pedido.

2. Bomba, panel de control, cable sumergible, tapa de sondeo y kit de empalme en otro.

3. Accesorios de la tubería (la tubería en si va en el siguiente). En el caso de usar PEAD, incluye la tubería aquí con las uniones ya hechas.

4. Tubería de elevación con manguitos de conexión.

El resto de elementos, cable eléctrico no sumergible, tuberías de hierro, etc., acabas antes comprándolos localmente.

7. 6   CALIDAD

Los departamentos de compra no suelen estar muy familiarizados con los materiales y normalmente su único criterio de comparación de ofertas es averiguar cuál de ellas es más barata. La calidad es fundamental en estas instalaciones. Ofrece activamente tu apoyo y asesoramiento.

Evita bombas y accesorios de mala calidad, los que ponen "Made in England" pero son sumamente sospechosos y los reciclajes acrobáticos de diverso pelaje.

Observa, por ejemplo, los contornos irregulares, grumos, burbujas y rebabas de esta válvula de compuerta:

Fig. 7.6 Defectos patentes en una válvula de compuerta "Made in Italy".

8. La instalación

"A menudo, algunas horas de ensayo y error pueden ahorrarte algunos minutos de lectura del manual"

(Anónimo)

Cada bomba tiene sus peculiaridades. No quieres pasar todo un día bajo el sol, con un esfuerzo importante de todo el equipo para descubrir que, esa bomba que está 150m por debajo de vosotros, tiene una pequeña pieza de plástico que evita el giro accidental durante el transporte. **¡Lee el manual de la bomba antes incluso de pensar en instalarla!**

8. 1 EL DESCENSO DE LA BOMBA

La parte principal de la instalación es la colocación de la bomba. Introducir la bomba y colocarla adecuadamente requiere la mayor parte de la coordinación y del esfuerzo. El descenso de la bomba lleva desde algunas horas a todo un día según la profundidad de instalación y el número de conexiones.

El descenso de la bomba consiste en introducirla verticalmente en el sondeo e irle uniendo tuberías. Cada tubería conectada permite descender la bomba 3 o 6m. Así se va avanzando hasta alcanzar la profundidad de instalación de la bomba. El proceso detallado es el que sigue:

1. Si usas hierro galvanizado, prepara algunas tuberías uniéndoles el manguito de unión a uno de los extremos y rodeando de teflón el otro. El manguito serviría de tope si la abrazadera resbalara.

2. Enclava un trozo de tubería 80cm en el suelo inclinado 30° en dirección contraria al sondeo. Servirá de **poste de freno** para evitar caídas accidentales de la bomba dentro del sondeo. El cable de acero lo rodea tres veces para que se frene por rozamiento y una persona se encarga de dar cuerda según se va profundizando.

3. Saca la bomba de la caja y apóyala en una superficie horizontal homogénea, de manera que apoye a lo largo de todo su cuerpo. **Es fácil deformar el eje de una bomba**.

4. Une el cable sumergible a la bomba con el kit de unión si no lo hizo antes el fabricante. **¡Nunca manipules la bomba tirando de este cable!**

5. Pasa el cable de acero por los agujeros de la carcasa destinados al anclaje y coloca 3 abrazaderas separadas 5 cm entre sí.

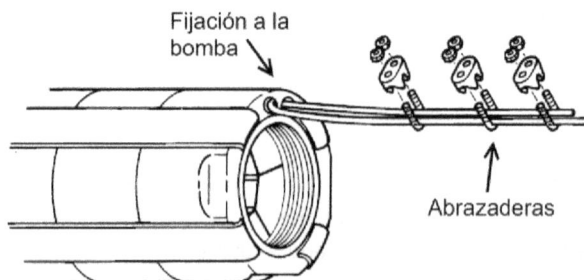

Fijación a la bomba

Abrazaderas

6. Une el primer tramo de tubería a la bomba. En esta operación, ten especial cuidado en no dañar la bomba y no apliques ninguna herramienta sobre ella. Para que la unión sea estanca, necesitas colocar teflón o fibras naturales. Al final de este paso tienes la bomba con el cable eléctrico, el cable de acero y la primera tubería unida. La primera tubería es un tramo de sólo un metro para facilitar la manipulación de entrada en el sondeo. Si la tubería es de hierro galvanizado, únele el collarín de unión que te servirá de tope.

7. Coloca la primera abrazadera omega en la tubería corta unida a la bomba y la segunda en el siguiente tramo de tubería junto al manguito. Asegúrate que aprietas bien los tornillos para que no resbale por la tubería.

8. Coloca el clip protector del cable. Esta pieza es casera. Consiste en un trocito de tubo de hierro galvanizado de 1" de diámetro y 20 cm de longitud al que se le ha soldado un brazo que hace de clip. Se pasa el cable sumergible por dentro y se fija al interior de la boca del sondeo.

Su objetivo es proteger mécanicamente al cable. Es muy frecuente que durante la instalación la columna pille al cable contra la boca del sondeo y lo dañe.

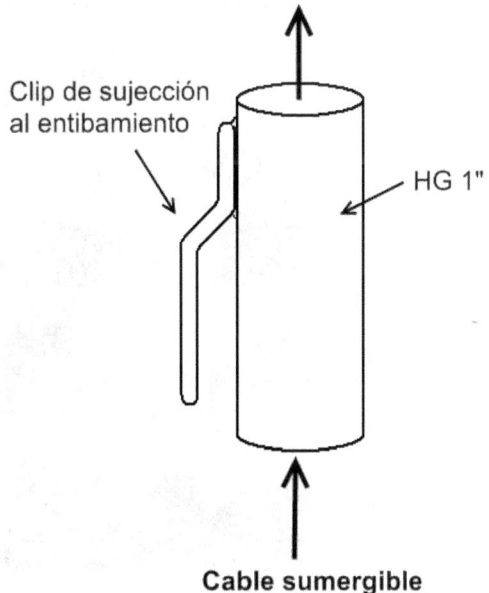

Clip de sujección al entibamiento

HG 1"

Cable sumergible

9.   Eleva la bomba y la tubería con la grúa y colócala alineada con la boca del sondeo. La grúa suele ser manual de cadena con un trípode. Si puedes costear una pluma, acelerará mucho el trabajo.

10. Desciende la bomba hasta que la abrazadera apoye contra la boca del sondeo. Con una cinta de goma, ata el cable sumergible a la tubería de elevación, pero esta vez deja fuera el cable de acero.

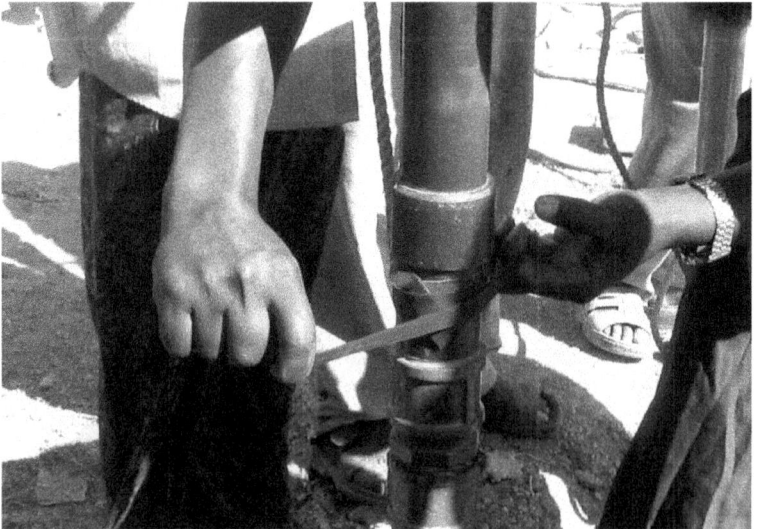

11. Suelta la grúa y deja la columna reposar completamente en la abrazadera. Engancha la tubería que tiene la segunda abrazadera a la grúa, colócala encima del manguito en el que termina la columna. Enrosca la tubería en la columna. Si tienes dificultades puedes usar un aceite comestible (p.e girasol o palma) como lubrificante.

Observa como mientras que dos personas trabajan uniendo las tuberías, otra en primer plano tiene ya preparada la siguiente y una tercera, sentada sobre un rollo de cuerda a la derecha, está encargado del poste de freno:

12. A mitad de tubería y a final de cada tubería se unen los cables a la tubería de elevación con una abrazadera de goma.

13. Se repite el proceso hasta la profundidad de instalación. Una vez ahí se enrosca la tapa del sondeo o se coloca la tapa no roscada. Se aprovecha también para pasar el cable de acero por la argolla de la tapa y fijarlo con tres abrazaderas. Recuerda que hay tres cosas que se llaman abrazadera: la que tiene forma de omega y sujeta la tubería, la que es de goma y une los cables a la tubería y la que muerde el lazo del cable de acero para cerrarlo sobre sí mismo.

14. Quita el clip de protección y pasa el cable sumergible por el agujero de la tapa que esté destinado a eso.

15. Ahora la grúa se conecta a un trozo de tubería cortito. La tapa no tiene sitio para acomodar una abrazadera. La manera de descender la tapa hasta su sitio es utilizando este trozo de tubería que luego se descarta.

El proceso de descenso puede cambiar ligeramente según las circunstancias y el material que tengas a disposión, pero esencialmente es el descrito.

8. 2 OTRAS INSTALACIONES

De la conexión eléctrica se encarga un electricista. **Es muy importante que compruebe el sentido de giro** según lo visto en el apartado 5.6. Los accesorios los conecta un fontanero una vez comprobado que el funcionamiento es correcto.

En el caso de usar un generador es fundamental **encender el generador con la bomba desconectada,** dejarlo funcionar algunos minutos y luego encender la bomba. Al arrancar un generador con la bomba arrancada se sobrecarga y se producen picos eléctricos que con el tiempo estropean la bomba y el generador.

8. 3 HERRAMIENTAS, MATERIAL Y MANO DE OBRA

Herramientas

Cortatubos. Sirve para cortar tubos rápidamente dándoles un acabado regular que permite hacerles rosca.

Terraja. Es una máquina que sirve para hacer roscas en las tuberías:

Llave grifa. Sirve para agarrar las tuberías y forzarlas a girar. Se usan por parejas, una en cada tubo. Limitadas generalmente a las 4".

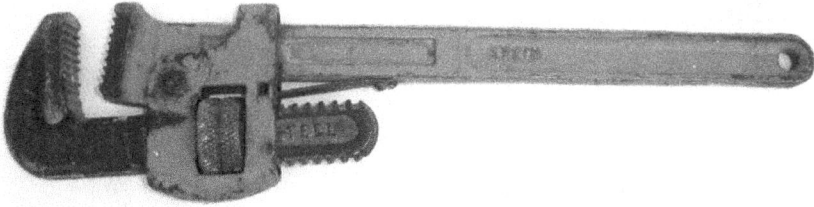

Llave de cadena. Es la llave que sustituye a la grifa en diámetros mayores.

El resto de herramientas son las más comunes: destornilladores, cuchillas, sierras, etc. Si la boca del sondeo fue soldada valora si hace falta un soldador para abrirla o se pueden saltar los puntos de soldadura con un martillo. Para aflojar las abrazaderas omega es más práctico utilizar llaves de vaso con una carraca.

Si se utliza una pluma se evita la grúa de cadena y el trípode donde colocarla .

Fig 8.3. Instalación de una bomba con trípode (Paso 9 del texto). Lugufu, Tanzania.

Material

Ver anexo C para un listado de herramientas y material.

Mano de obra

La mano de obra es muy variable según las condiciones. Cuatro o cinco jornaleros, 1 ó 2 fontaneros y un electricista serán suficientes en la mayoría de los casos.

8. 4   PROBLEMAS DE FUNCIONAMIENTO

Es posible que el sondeo no funcione a la primera como era de esperar. Los manuales de instalación de las bombas tienen una sección de Localización de fallos o Troubleshooting. La inmensa mayoría de las veces estarás en uno de los casos allí descritos. Consúltalos para saber como solucionar los problemas.

También debes asegurarte que las prestaciones son las esperadas, midiendo el consumo energético respecto al caudal bombeado. El anexo D muestra una forma precisa y rápida para medir caudales.

9. Protección

9. 1 SELLADO

El sellado consiste en la colocación de un material impermeable, generalmente una arcilla llamada bentonita o cemento, entre el tubo del sondeo y el terreno. Se trata de evitar que el agua superficial contaminada pueda llegar rápidamente al sondeo sin el filtrado y purificación que supone el terreno.

El sellado se hace durante la perforación. Normalmente no tendrás que hacer nada. Si no se ha hecho, elimina el material de los primeros 2 metros y rellénalo con bentonita.

9. 2 VALLADO

El objetivo de vallar es impedir el acceso. En zonas urbanas o colonizables con actividades potencialmente peligrosas sirve para establecer una zona de protección de 30m. Si la caseta impide el acceso y no hay peligro de actividades contaminantes no es necesario vallar.

9. 3 CASETA

La caseta protege completamente el acceso al sondeo. Puede ser más o menos elaborada según las funciones que tenga. Investiga los modelos que haya por la zona. Si hay una autoridad del agua, probablemente tenga ya un modelo definido.

Es muy importante que la caseta **no sea un obstáculo para las operaciones de mantenimiento**, la limpieza del sondeo y la instalación/desistalación. El techo debe tener una apertura que permita sacar y meter una columna de tubería. En el caso de techos de hormigón donde vaya a apoyar un trípode, debe tener la suficiente solidez estructural para soportar el peso de la columna de la bomba con el agua contenida incluida.

Además de la protección del sondeo, la caseta puede:

1.   Albergar al guarda/operario.
2.   Albergar al generador.
3.   Ser un pequeño almacén local.

En climas cálidos, puede ser simplemente una jaula con un tejado que proteja las partes eléctricas del agua. Estas casetas no protegen adecuadamente del polvo y la humedad.

Fig. 9.3. Caseta bombeo tipo jaula, Somalia.

Fig 9.3b Caseta con generador. Galgaaduud, Somalia.

Fig 9.3c Caseta y transformador en un recinto vallado . Afshar, Afganistán.

9. 4 SONDEOS "LOW-COST"

En algunas ocasiones, la relación inversión/beneficio se optimiza más en otras actividades que haciendo sondeos con buenas instalaciones. Aquí se ha descrito el proceso para hacer un sondeo de calidad. Eliminando la caseta, sellando con una plataforma similar a la descrita en el apartado 2.4, y vallando con malla metálica el contorno estricto del sondeo, se ahorra una gran parte de los costes. Algunos van más allá y eliminan los accesorios.

Antes de hacer un sondeo así valora si es realmente necesario. Los sondeos sin estas estructuras son más vulnerables y duran menos. Se olvidan más fácilmente de cara al mantenimiento y frecuentemente acaban avasallados por otras actividades, como en la foto.

Fig 9.4. Sondeo de bajo coste junto al que se han apilado químicos y material, Indonesia.

Bibliografía

1. Davis J. y Lambert R. (2002). *Engineering in Emergencies. A practical guide for relief workers.* 2° Ed. ITDG publishing.

2. Driscoll, F.G., (1986). *Groundwater and Wells.* Second Edition, Johnson Division.

3. Fraenkel, P. (1997). *Water pumping devices. A handbook for users and choosers.* ITDG Publishing.

4. Grundfos, *Catálogo SP A, SP Bombas sumergibles, motores y accesorios 50 Hz.*

5. Grundfos, *Installation and operation instructions SP.*

6. Scottish Environmental Protection Agency (2004). *Decommissioning of redundant boreholes and wells.*

7. WHO (1996). *Guidelines for drinking-water quality,* 2° Ed. Vol. 2 *Health criteria and other supporting information* y *Addendum to Vol. 2* (1998).
    http://www.who.int/water_sanitation_health/dwq/guidelines2/es/index.html (navegar)

Sobre el autor

Santiago Arnalich, 32 años

Empieza con 26 años como responsable del Proyecto Kabul CAWSS Water Supply que abastece de agua a 565.000 personas, probablemente el mayor proyecto de abastecimiento de agua del momento. Desde entonces ha organizado la rehabilitación e instalación de más de 40 sondeos y diseñado mejoras para casi un millón de personas.

Actualmente es coordinador y fundador de Arnalich, Water and habitat, una empresa con fuerte compromiso social dedicada a promover el impacto de las organizaciones humanitarias a través de formación y asistencia técnica en el campo del abastecimiento de agua potable y la ingeniería ambiental.

ANEXOS

A. LISTA DE CHEQUEO DE LA INFORMACIÓN A RECABAR

Sin ánimo de ser exhaustivo, ésta es una lista de información que te puede ser útil:

1. Población servida.
2. Consumo típico por familia.
3. Recursos de la población (animales, huertos).
4. Distancia y cota de los depósitos.
5. Distancia y diámetro de las tuberías por donde pasa.
6. Presión máxima y mínima de la red donde se conecte.
7. Nivel estático.
8. Diámetro sondeo (puede ser telescópico).
9. Profundidad total.
10. Disposición de los tramos de camisa y filtros.
11. Material camisa y filtros.
12. Sellado.
13. Empresa constructora.
14. Ensayo de bombeo.
15. Análisis completo del agua.
16. Distancia a los sondeos más próximos.
17. Distancia a los puntos de conexión eléctrica.
18. Tarifas eléctricas.
19. Precio del diésel.
20. Coste de los servicios de agua existentes.
21. Tipo de conexión posible.
22. Requisitos para la autorización de la conexión eléctrica.
23. Normativa del país respecto a sondeos.
24. Normas técnicas adoptadas localmente.
25. Normas de la autoridad del agua.
26. Tipo de caseta en la zona. ¿Diseño de la autoridad de agua?

Si es una rehabilitación, además:

1. ¿Por qué cayó en desuso?
2. Material existente.
3. Propiedad del sondeo y del terreno.
4. Condiciones de acceso de la población.

B.   LIMITES FISICO-QUIMICOS EN AGUA POTABLE

Tomados de:

Guidelines for drinking-water quality, 2º Ed. Vol. 2 Health criteria and other supporting information, 1996 (pp. 940-949) y Addendum to Vol. 2 1998 (pp. 281-283) Ginebra, Organización Mundial de la Salud.

Se pueden obtener detalles sobre los parámetros en:
http://www.who.int/water_sanitation_health/dwq/guidelines2/es/index.html

MEDIDAS FÍSICAS:

Parámetro		Comentarios
Salinidad	3000 µs/cm	
Turbidez	5 NTU	Eliminable
pH	<8	Para una cloración eficaz

CON EFECTOS ADVERSOS SOBRE LA SALUD:

Substancia	Límite mg/l	Comentarios
Antimonio	0,005	No común, no eliminable por métodos tradicionales
Arsénico	0,01	Eliminable
Bario	0,7	Tratamiento por intercambio iónico o precipitación
Boro	0,5	No eliminable por métodos tradicionales
Cadmio	0,003	Tratamiento por precipitación o coagulación
Cromo	0,05	Tratamiento por coagulación
Cobre	2	No común, no eliminable por métodos tradicionales
Cianuro	0,07	Eliminable con altas dosis de cloro
Flúor	1,5	Eliminable con alúmina activada
Plomo	0,01	No presente en agua no contaminada
Manganeso	0,5	Oxidación (aireación) y filtración
Mercurio total	0,001	Filtración, sedimentación, intercambio iónico…
Molibdeno	0,07	No eliminable
Níquel	0,02	Eliminable por tratamiento convencional
Nitrato (NO_3-)	50	Eliminación biológica o intercambio iónico
Nitrito (NO2-)	0,2	Transformación en nitratos por cloración
Selenio	0,01	Selenio IV con coagulación. Selenio IV no eliminable
Uranio	0,002	Eliminable por tratamiento convencional

QUE PUEDEN DAR LUGAR A QUEJAS:

Substancia	Límite mg/l	Comentario
Aluminio	0,2	Deposiciones y decoloraciones
Cobre	1	Manchas en ropa y sanitarios
Hierro	0,3	Manchas en ropa y sanitarios
Manganeso	0,1	Manchas en ropa y sanitarios
Sodio	200	Mal sabor
Sulfatos	250	Mal sabor, corrosión
Sólidos disueltos totales	1000	Mal sabor

BIOLÓGICOS:

Parámetro		Comentarios
Coliformes	0	En cualquier muestra de 100ml

C.   LISTA DE CHEQUEO DE MATERIALES Y HERRAMIENTAS

Esta lista es completa en un rango variado de situaciones para el descenso de la bomba. Valora si necesitas todo o sólo parte. Por ejemplo, si llevas llaves grifas igual no necesitas de cadena. Si contratas electricistas o fontaneros, que traigan su equipo.

Llave de la caseta
Agua y comida para el equipo
Guantes protección
Cortatubos
Terraja
Llave grifa
Llave de cadena
Sierra
Equipo soldadura
Taladradora y brocas
Llaves de vaso
Herramientas básicas
(destornilladores, etc)
Grúa de cadena
Trípode
Poste de frenado
Maza 2-5 kg.
Abrazaderas omega
Abrazaderas cable
Abrazaderas de goma
Clip de protección cable
Tubo para la elevación de la tapa
Cable de acero
Saco de cemento
Herramientas para excavar

Bomba
Cable sumergible
Kit de empalme
Panel de control
Material fijado del panel de control
Cable eléctrico monofásico/trifásico
Tubo corrugado para enterrar cables
Bridas de electricista
Kit toma de tierra
Polímetro
Cuerda gruesa
Diésel y aceite para el generador
Cinta teflón o fibra (¡lleva en exceso!)
Aceite comestible
Pegamento epoxi
Tubería de elevación
Tubería corta (1m) con roscas
Manguitos de unión
Tapa sondeo
Codo tapa sondeo
Reductor (bomba y tubería distinto ø)
Tapón tubería (si se deja desprotegida)
Accesorios (Te, contadores, etc)

D.   MEDICION DE CAUDAL CON HENDIDURAS EN V

Es una de las formas más prácticas de medir caudales por encima de los 2 ó 3 litros por segundo. Se trata de hacer pasar el agua por una hendidura en forma V:

Fig. D.1. Medida del caudal de un sondeo, Adado,Somalia.

La altura que alcanza el agua respecto a la regla es proporcional al caudal. Para determinar el caudal usa esta fórmula:

$$Q = 533 * C_e \sqrt{2g} * h^{2,5} * \tan(\beta / 2)$$

Q, caudal en l/s.
C_e, coeficiente que depende de la construcción. Normalmente, 0,64.
g, gravedad, 9,81 m/s^2.
h, altura del agua en metros.
β, Angulo de la hendidura en radianes[1].

Para condiciones normales, g=9,81 y C_e=0,64, la ecuación se simplifica en:

$$Q= 1510 * h^{2,5} * \tan(\beta/2)$$

---

[1] Para averiguarlo, multiplica los grados por 0,01744. Ej. 60° * 0,01744 = 1,046 radianes.

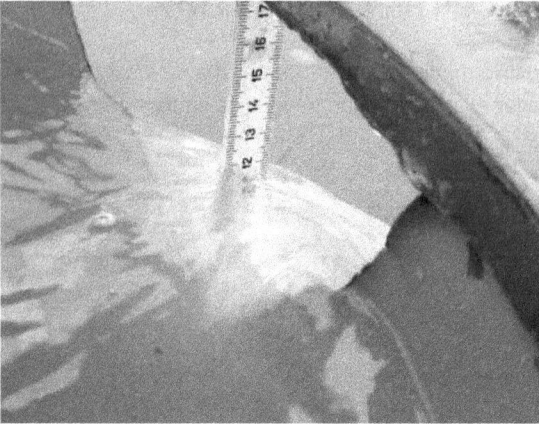

La medida se toma en la vertical desde el vértice inferior del triángulo a la superficie del agua:

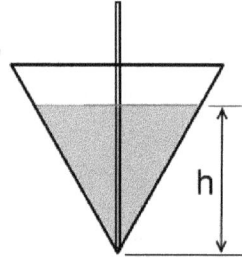

Con una hendidura de 60° y una medición de 19 cm, el caudal que se bombea sería:

60° * 0,01744 = 1,046 radianes

$Q= 1510 * 0,19^{2,5} * \tan(1,046/2) = 13,7$ l/s

Si no quieres andar con tangentes de ángulos en radianes, construye una hendidura de 60° y utiliza esta gráfica:

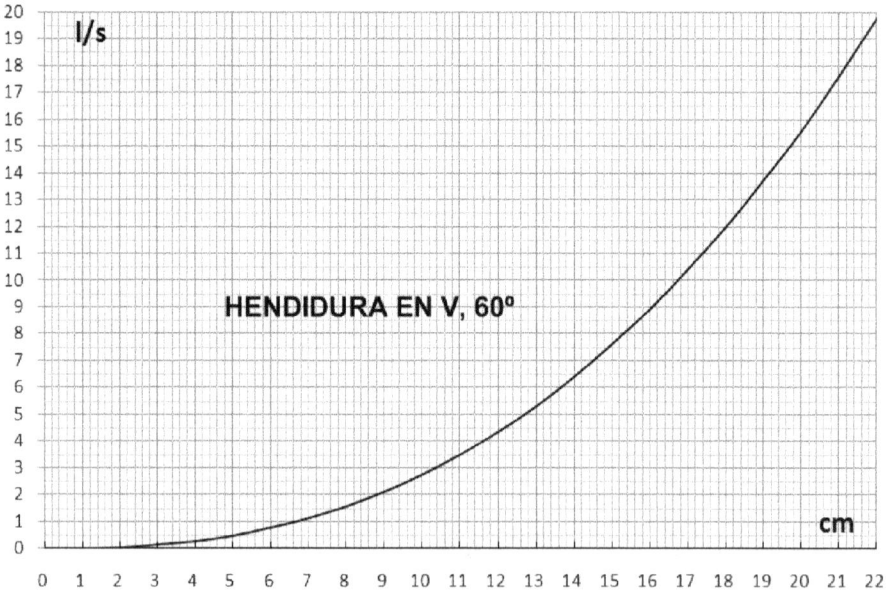

Fig. D.2. Gráfica caudal vs. altura para una hendidura de 60°.

Posiblemente, la manera más rápida y sencilla en el caso de sondeos es construir la hendidura en un barril de petróleo de 200 litros:

Una vez trazada y cortada la V, instala la tubería hasta el fondo y rellena el barril hasta la mitad con piedras. Las piedras disiparán las turbulencias para obtener una superficie lisa que permita medidas correctas. Después, comprueba con un nivel que el barril está horizontal. Coloca rocas en el lugar donde cae el agua desde la hendidura para evitar que socave el barril y se incline hacia adelante.

Arnalich. Water and habitat   www.arnalich.com

E.   NUDO AS DE GUIA

A menudo, no hay cable de acero en el momento o se necesita unir algo con una cuerda de manera segura. Normalmente se recurre a hacer un gurruño interminable de nudos, asumiendo que cada nudo adicional contribuirá un poco a la seguridad. El problema de este enfoque es que los nudos en las cuerdas sintéticas no se retienen y el resultado acaba siendo peligroso. Mejor es utilizar el As de Guía, un nudo clásico marinero fácil de desatar pero que romperá la cuerda antes de soltarse:

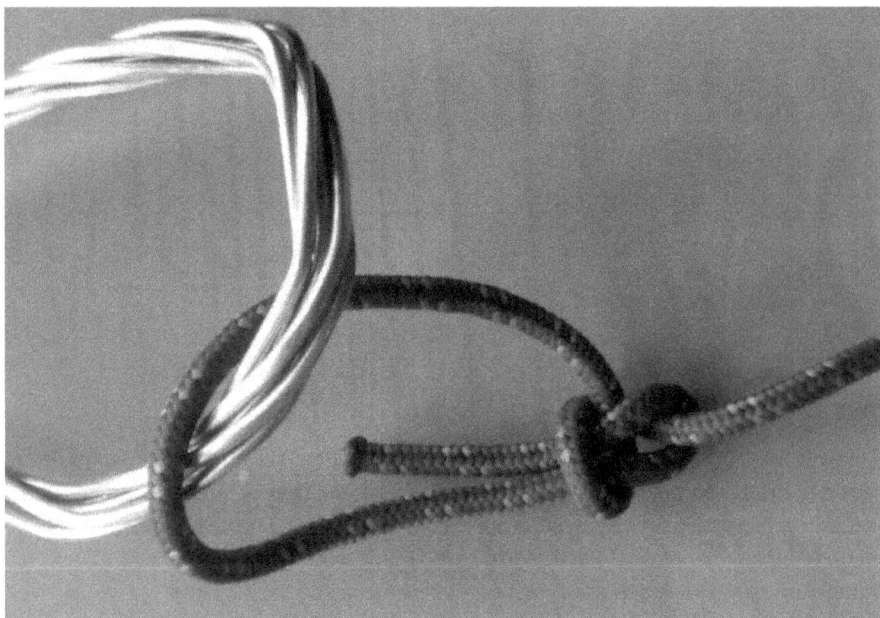

1. Comienza haciendo un lazo, prestando atención a que el extremo libre pasa <u>por encima</u> del resto de la cuerda.

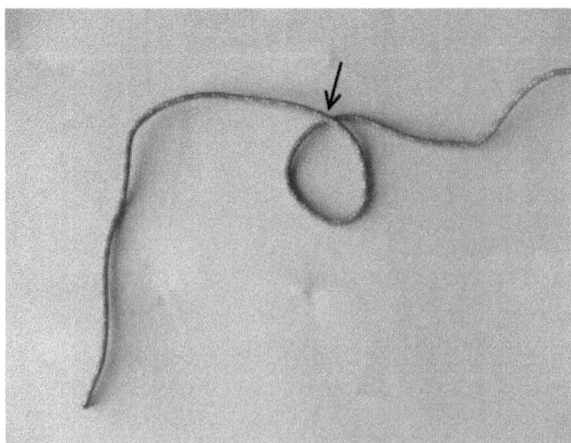

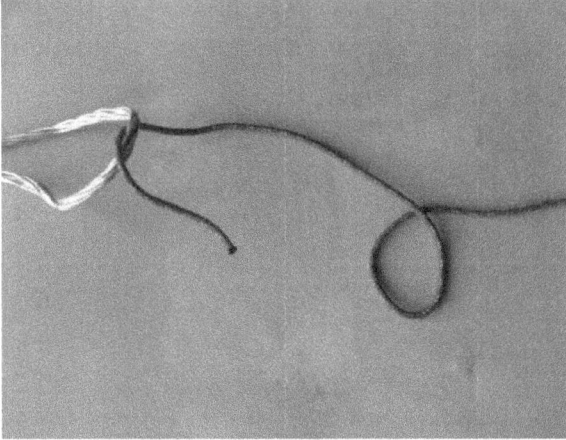

2. Rodea el asa del objeto a sujetar. A partir de aquí se suele contar con una historia que ayuda a recordarlo. El cabo es una culebra y el lazo es un pozo…

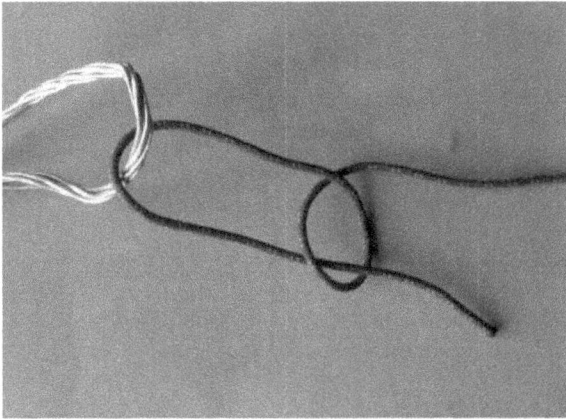

3. Pasa el cabo <u>de abajo a arriba</u> por el lazo: la culebra sale del pozo…

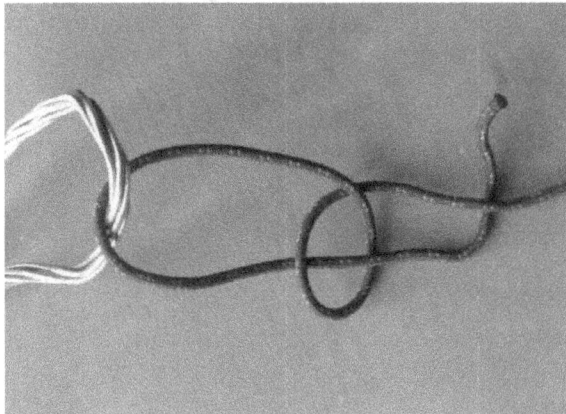

4. Rodea el extremo largo de la cuerda por abajo: la culebra rodea al árbol…

5.   Introduce el cabo en el lazo en paralelo al recorrido anterior: la culebra vuelve a meterse en el pozo…

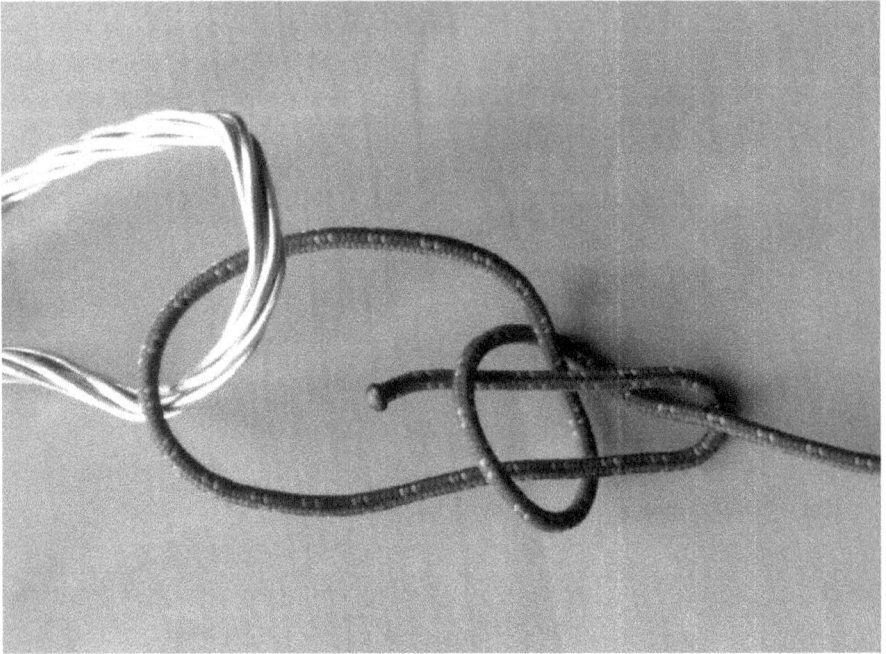

6.   Comprueba que el nudo terminado tiene forma de 8 y <u>NO ES CORREDIZO</u>:

www.ingramcontent.com/pod-product-compliance
Lightning Source LLC
Chambersburg PA
CBHW071115210326
41519CB00020B/6312